艺术设计
ARTDESIGN

高等院校艺术学门类『十三五』规划教材

三维空间造型

SANWEI KONGJIAN ZAOXING

主 编 易靓 代磊

副主编 李佳晔 郑丽伟 薛蔺菲 杨晓莹

U0370334

华中科技大学出版社
http://www.hustp.com
中国·武汉

图书在版编目（CIP）数据

三维空间造型 / 易靓，代磊主编 .—武汉：华中科技大学出版社，2017.8（2024.8重印）
高等院校艺术学门类"十三五"规划教材
ISBN 978-7-5680-3250-6

Ⅰ.①三⋯　Ⅱ.①易⋯ ②代⋯　Ⅲ.①三维动画软件—高等职业教育—教材　Ⅳ.① TP391.414

中国版本图书馆 CIP 数据核字 (2017) 第 189389 号

三维空间造型
Sanwei Kongjian Zaoxing

易靓　代磊　主编

策划编辑：彭中军
责任编辑：彭中军
封面设计：孢　子
责任校对：李　琴
责任监印：朱　玢
出版发行：华中科技大学出版社（中国·武汉）　　　电话：（027）81321913
　　　　　武汉市东湖新技术开发区华工科技园　　　邮编：430223
录　　排：武汉正风天下文化发展有限公司
印　　刷：广东虎彩云印刷有限公司
开　　本：880 mm × 1 230 mm　1/16
印　　张：9
字　　数：281 千字
版　　次：2024 年 8 月第 1 版第 4 次印刷
定　　价：49.00 元

构成艺术是现代艺术中重要的艺术表现形式，在现代艺术及设计领域中受到广泛的关注，在现代艺术及设计学科的基础课程中占有重要的地位。三维空间造型作为构成艺术的一个重要分支，渗透到现代人生活的方方面面。现代人的生活方式、价值取向、审美要求等都需要更多的三维空间造型的理念来充实并实现。

三维空间造型是研究如何将立体形态按照一定的原则组合，创造出具有形式美感的新形态，是对平面构成和色彩构成的进一步学习。

三维空间造型着重研究三维空间的形态构成，试图通过抽象的几何要素把构思创造转变为知觉形态要素，用纯粹的概念构成新的形态。三维空间造型注重研究形式美感，运用三维空间造型特有的语言对形体进行抽象处理，再组成具有形式美感的结构形态，培养视知觉下的美感感受能力。

第一章为三维空间造型概述，阐述了构成学的形成、三维空间造型的概念、三维空间造型与空间结构系统的关系，以及三维空间造型这门学科的学习目标和意义，试图从整体上强调三维空间造型的相关理论知识。

第二章对三维空间造型的分支进行描述，从三维空间造型的形态到三维空间造型的构成元素，细致地阐述了三维空间造型的元素。

第三章形式美法则是三维空间造型的主要内容之一，是三维空间造型中起"桥梁作用"的重要元素。培养立体感觉是了解形式美法则的重要途径。因此，在第三章的第一节，笔者详细说明了培养立体感觉的内容，第二节详细阐述了三维空间造型的形式美法则。

对三维空间造型的空间形态的认识，对提升学生进行三维空间造型的动手能力具有铺垫作用。因此，第四章作为方法论，阐述如何进行三维空间的创造。

第五章以三维空间造型的点、线、面为例，列举了三者的解构与重构对三维空间造型的作用。

第六章对生活中常见的三维空间造型的物理元素进行了分类，阐述了创造三维空间造型的元素的特性。

由于三维空间造型这门学科的特殊性，从本书的第七章到第十章，笔者从工业产品设计、环境艺术、服装设计、包装设计的角度阐述了三维空间造型的应用，并通过大量的案例进行分析。这是本书的特色之一。

附录为部分优秀作品。

本书由武汉设计工程学院易靓老师、湖北美术学院代磊老师等编写，非常感谢提供文字及图片资料的同事及同学。由于编者水平有限，加上时间仓促，书中难免有一些不足之处，欢迎同行和读者批评指正。

易 靓

2017 年 6 月写于江夏藏龙岛

前言（二）

SANWEI KONGJIAN ZAOXING

人类把自己的意志加入自然中的行为都具有设计的属性，不论是否有基于情感和理性的一面。因此，设计的目的之一就是改变现状。

现代设计在中国起步很晚，真正的设计教育一直被传统的工艺思路抑制。从西方以三大构成为先锋的设计理念进入中国开始，越来越多的现代设计思维逐渐改变了大众对设计的漠视态度。

曾经看过一本书的作者这么说：轮子可能是人类最重要的一个发明。不同于利用火来获取熟食或者打磨石器制作工具，轮子的意义在于"缩短了时间"。这强调它重要的划分角度，更多的是设计产物所具备功能性的差异。

国内现代工业设计教育奠基人柳冠中先生在他的课上曾经举例：杯子的无（即内部的空）才决定了它的有（装水的功能），而其他的仅仅属于起到美化作用的装饰。曾经的中国传统工艺便是如此，虽然有过辉煌的历史，但是也曾经深陷繁缛装饰的误区之中。

设计行业在西方的设计思路进入中国后的几十年，因为院校设计教育领域思维的转变，发生了巨大的变化。仅从专业学科的建设和构成来看，传统的平面和强调装饰为主的专业都悄悄地发生着变化。强调功能性、交互性、体验性的设计成了现代设计的主流，但关于设计过程中的基础知识同样应该受到重视。三大构成早已不被广为提及，但是由此发展出来的、关于结合了交叉学科的平面、色彩和立体的科目反而更加丰富。

本书的主题为三维空间造型，其实涵盖了时下热门的公共艺术设计、装置艺术、景观设计、包装设计等专业的内容，深入浅出的文字描述配合大量实例来解析现代设计中三维空间设计所具备的专业特点和思考方式，希望通过这个过程让大家认识到，设计已经走进人们的生活，并且维度早已经从平面走向立体。将自己置身其中，随着设计一起改变生活吧。

代　磊

2017 年 6 月写于江夏藏龙岛

目录

SANWEI KONGJIAN ZAOXING

第一章

三维空间造型概述

SANWEI KONGJIAN ZAOXING GAISHU

学习目标

1. 掌握构成与三维空间造型的概念。
2. 掌握三维空间造型的基本要素。
3. 了解三维空间造型的起源。

技能要点

区分构成与三维空间造型，掌握三维空间造型的基本概念。

案例导入

绘画文字编排构图

在绘画中，构成被称为"构图"，即如何在画纸上摆放各个要素的空间位置。如图 1-1 所示为摄影作品的三角形构图。在视觉传达设计中，构成被称为"编排"。如图 1-2 所示为视觉传达设计中的版式编排设计。而在空间设计艺术中，构成被称为"位置经营"。元素的组织问题是艺术设计中最基本的问题。而构成教育，也被称为艺术教育的基础。构成是一种手段。它将各元素、各节点有机地整合到一起，起到统一的、有序的作用，从而创造艺术创作的风格。

分析：

如图 1-1 所示，拍摄者采用三角形构图拍摄画面中的鸟儿，起到了稳定画面的作用。而在图 1-2 中，作者使用特殊的编排方式设计古诗词的构成结构，与诗词自身所传达出的磅礴大气相吻合，极具视觉冲击力。

图 1-1　摄影作品的三角形构图

图 1-2　视觉传达设计中的版式编排设计

第一节
构成思想的起源

同其他学科一样，人类对形体的感受与认知并不是一蹴而就的，而是经过了漫长历史过程的演变，三维空间造型也是如此。构成观源于荷兰的风格派和俄国的构成主义。"构成"一词源于构成主义设计运动。"三维空间造型"教学源于 20 世纪 30 年代的德国包豪斯设计学院。它随后成为现代设计教育最重要的基础课程之一。另外，很多学者认为，在"构成学"产生及发展的漫长历史过程中，立体主义、未来主义也做出了相应的贡献。

一、构成观的起源

构成观源于荷兰的风格派和俄国的构成主义。

1917 年，荷兰出现了一个画派。当时这个画派被称为风格派。风格派拒绝使用具象元素，主张用纯粹的几何形状代替，主张纯抽象与淳朴。该画派以《风格》杂志为中心，主要创始人是杜斯堡，主要领袖是彼埃·蒙德里安（见图 1-3）。

彼埃·蒙德里安（Piet Cornelies Mondrian），1872 年 3 月 7 日—1944 年 2 月 1 日，荷兰画家，风格派运动幕后艺术家和非具象绘画的创始者之一，对后代的建筑、设计等影响很大。其自称"新造型主义"，又称"几何形体派"。

图 1-3　彼埃·蒙德里安

🔘 **拓展阅读**

当时，风格派被称为新造型主义，主张用抽象的几何形来表现纯粹的精神。风格派的艺术家认为，只有抛开具体的描绘，抛开细节，才能避免个别性和特殊性，获得共同的纯粹精神表现。

📑 **经典案例**

《百老汇的爵士乐》案例赏析

背景介绍：

油画《百老汇的爵士乐》现藏于纽约现代艺术博物馆，是蒙德里安最著名的作品之一，也是他一生中最后一件作品。1930 年，蒙德里安离开巴黎来到伦敦。由于第二次世界大战烽火的波及，他于 1940 年逃往美国，在纽约度过了他生命中的最后四年。纽约，这座现代化大都市，以其特有的繁华深深地吸引着蒙德里安。那整齐严谨的街道布局、拔地而起的摩天大楼、充满活力的舞厅和爵士乐队，以及夜幕下流光溢彩、闪烁变幻的灯光……它们既与绘画有着某种内在的相通，又洋溢着前所未有的新精神。如图 1-4 所示的画面，它明显地反映出现代都市的新气息。依然是直线，但不是冷峻严肃的黑色界线，而是活泼跳动的彩色界线，它们由小小的、长短不一的彩色矩形组成，矩形分割和控制着画面。

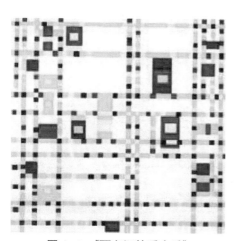

图 1-4　《百老汇的爵士乐》

分析：

在图 1-4 中，蒙德里安把他对百老汇音乐的感受用他的画面语言表达出来。明亮的黄色线在霓虹灯般的红色、蓝色、灰色小点的闪烁下，呈现一种爵士乐的节奏感。从中不仅能够看出一种视觉音乐，而且能让人感受到纽约百老汇夜晚的嘈杂。这是一种美感，也是艺术的探索。

除了蒙德里安之外，属于风格派的艺术家还有匈牙利画家 V.胡萨尔、建筑师 J.J.P.乌德、诗人 A.考克、雕刻家 G.凡顿格洛等。风格派提倡数学精神，并提出"抽象化与单纯化"的口号，那些缺乏明确秩序的东西，都被他们称为巴洛克并且排斥。

产生于第一次世界大战期间的风格派对包豪斯乃至整个现代艺术设计风格产生了重大的影响。其影响范围不仅超越荷兰国界成为欧洲前卫艺术先锋，而且对现代建筑和设计都产生了深远的影响。

拓展阅读

　　在风格派看来，人类理想的生活方式应该是艺术化的，是一种全面和整体的生存方式，需要成熟的人类感情。按照对这种生存方式的解释，从事艺术的重要目的就是通过创造艺术来认识自己和掌握自己，从而踏出回归自己的路。可以说，风格派改变和影响了人类的生活。

　　俄国构成主义同样影响着现代设计。

　　俄国构成主义被称为结构主义，发展于1913年至20世纪20年代。构成主义避开传统艺术材料，如油画、颜料等，利用现成物，如金属、玻璃、木块等组合成雕塑，试图通过不同的元素构筑新的现实。

　　构成主义的目的是改变旧的社会意识，提倡用新的观念去理解艺术工作和艺术在社会中所扮演的角色，提出设计为社会服务的理念。其对工业设计的意义在于，它将艺术家改造成"设计师"。尽管当时"设计"一词还没有出现，但他们采用了"生产艺术"这样的字眼。

二、包豪斯构成理论

　　在现代设计史及现代设计教育史上，包豪斯构成理论是不得不提的。因为包豪斯构成理论及教育体系为现代设计奠定了基础。包豪斯留给人们的经典设计中最有意义并最具代表性的无疑是第一任校长格罗皮乌斯亲自设计的德绍时期校舍，如图1-5所示。

　　1919年建筑学院的包豪斯艺术学院成立。这个建筑学院由建筑大师格罗皮乌斯创办。在现代设计史上，包豪斯构成理论奠定了现代工业设计的基础，成为现代设计师的摇篮。如图1-6和图1-7所示都是以包豪斯理论为基础的设计作品。

图1-5　格罗皮乌斯亲自设计的德绍时期校舍

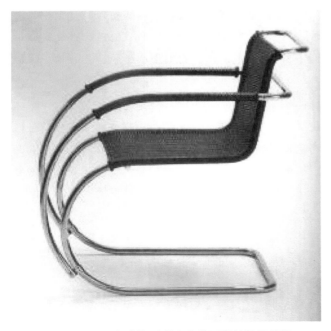

图1-6　1927年米斯受学生启发而设计的钢管椅

图1-7　包豪斯重要的基础课老师莫霍里·纳吉的平面设计作品

包豪斯的构成理论产生于欧洲的产业革命，新思想、新观念催生了新的设计理念。英国的产业革命在由手工转向机械化生产的过程中，由于传统观念的影响，导致产生了外观与工艺的矛盾。为此，包豪斯的设计大师提出了"对材料的忠实"和"形式跟着功能走"的理念，并提出了"艺术与技术的不可分割性"，"艺术设计的目的是为人类服务"，"产品的设计在美学和功能上要跟上时代的脚步"，"造型的原始母体是单纯的几何形基因"的观点。这些观点体现了现代设计的理念，具有鲜明的时代性。真正体现包豪斯价值的教育理念是构成学。构成学奠定了包豪斯的历史地位，而三维空间造型更是使包豪斯的成就锦上添花。包豪斯对构成研究的成功得益于将材料作为创作形态的基础，主张不单要造型美，还要材质美，两者统一才有美感。

包豪斯在主要表现形式上体现了风格派的主张，"一切作品都要尽量简化为最简单的几何图形，如立方体、圆锥体、球体、长方体，或是正方形、三角形、圆形、长方形等进行实践"。这种以几何形体构建的结构具有理性的逻辑思维，加上标准化的色彩，使人容易学习抽象造型，并掌握其规律、原理，进而通过不同的设计将其体现出来。如灯具、家具、染织品与建筑、广告等都拥有强烈的几何形式感，特别是建筑与工业设计，以追求简洁为时尚，更体现出构成的科学性、合理性。

第二节
构成与三维空间造型

构成是一种能够激发和拓展人类本能的最基础的教育，是一种与人类密切相关的活动。通过第一节的学习，了解到构成教育起源于德国的包豪斯艺术学院。它开启了 20 世纪工业文明时代的设计教育新纪元。

 知识链接

构成教育是设计教育的基础，而三维空间造型是研究形态创造和造型设计的基础学科，成为每个门类的设计师学习的必经之路。

一、构成的概念

构成具有组成的含义，是一种造型概念，是指具有视觉化和力学观念的形态创造和基础造型。

构成是与人类生活、工作密切相关的活动，例如在河流上建造桥梁等，都体现了人类与生俱来的创造本能。如图 1-8 所示，粽子也体现了人类的创建与造型本能。

从构成的历史发展来看，构成并没有把人类的本性抹杀，而是将其进行了升华。构成的造型特点是使人们在体验创作的过程中充分发挥想象力。学习构成知识是培养和提高人们对形态、材料、色彩等认知和掌握能力的有效方法和手段。

图 1-8　包装的最初形态

构成是艺术设计的基础阶段。它与现代设计的有机结合，不依赖于写生物象的表面，不受客体的局限，以提炼客观形态为前提，促使设计者从中得到启发，带来了科学性、逻辑性，同时带来了艺术性。将构成置入设计中，可以使作品具有艺术的直观效果。在设计过程中，过程的投入往往比结果更为重要，因为任何构思都是在构成中提炼而成的，在过程中完善，在过程中成熟。那种不重视过程，仅仅靠一时的灵感创造出好的作品的做法，不过是极少的偶然性，它是很难进入更深一层的"必然王国"之中去的。

二、三维空间造型的概念

人们生活在立体的世界中，从日常使用的物品到所处的居住环境，三维空间与人们的生活息息相关。作为从事设计的工作者，为人类创造更多、更实用、更美观的物品是设计师的任务。因此，立体的空间意识、三维造型的基本原理和知识成为必备的知识。

在国际上，三维空间造型既属于基础造型，又属于专业设计，被称为"构成学"，涉及建筑设计、工业设计、雕塑等诸多领域，是一种以研究形态创造与造型设计为基础的学科，强调造型美与材质美的有机统一。

 知识链接

三维空间造型旨在培养人的空间想象能力和思维意识，研究和探讨如何在三维空间中利用立体造型要素和语言。

三维空间造型是按照形式美的原理创造出富有个性和审美价值的立体空间形态的学科。如图 1-9 所示的桌子的设计，就是利用形式美的园林艺术设计出既有个性又符合审美标准的家具。

三维空间造型所创造的形态具有特殊的厚重感和分量感，其真实性和展示性更是二维空间所不能及的。通过三维造型，人们可以清楚地观察和欣赏作品的造型原理以及所创造出的三维空间形态，享受立体造型带来的审美情趣。

抽象性是三维空间造型的显著特征。通过抽象展示形态，可以在抽象中体现形式美法则，特别是来自设计者内心的、充满激情的艺术感受，如图 1-10 所示为具有抽象意味的铜壶。当然，即使这样，具象也不是三维空间造型所排斥的，具象形态中许多新奇的造型都可以为三维空间造型所借鉴。

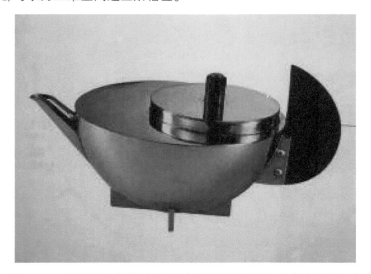

图 1-9　富有个性的桌子　　图 1-10　包豪斯艺术学院毕业生布兰特设计的铜壶具有抽象的意味

 知识链接

三维空间造型以追求创新思维为目的，在纯粹以美的形态为标准的过程中，将美、人性与科技完美融合，创造出既有时代感又散发人性光芒的立体形态。

除此之外，三维空间造型的特点还表现为系统性。三维空间造型的表现不是单一的，而是综合的，如建筑物的三维空间造型，综合了机械、工艺、技术等多种元素。因此，在制作形态时必须充分考虑上述问题。要使三维空间造型具有理想的形态表现，就必须进行周密的思考，进行系统的研究和控制，只有这样才能创造出新颖的形态。

经典案例

"韩国现代汽车集团馆"案例赏析

背景介绍：

如图 1-11 所示，丽水世博会韩国现代汽车集团馆（Hyundai Pavilion）展现了企业的品牌形象。建筑结合了波浪和现代艺术，洁白的色彩在蓝天的衬托下显得格外明亮，象征着现代汽车通向未来光明、蓬勃地发展。

建筑通过再现功能表达高科技和现代汽车集团精神的可能性。它实现了自然和城市的想象力和无限的可能。

分析：

如图 1-11 所示，从入口广场看建筑，可以发现海洋中波浪的元素体现在建筑正立面之上，并改变了建筑的形体。从外立面看到的内部显示屏也播放着与企业形象关联的宣传片，展现了理智与情感、艺术与技术、过去与未来、变化与发展、简单与多样的内容。

图 1-11　韩国现代汽车集团馆外观图

第三节
立体造型与空间

立体造型是指由立体的构成元素组合而成的立体形态。这种造型是由具有一定分量和体积的实体造型构成的。这里的立体是指具有体积或块面的实实在在的形体，是三维的空间实体。在立体造型中，空间离不开对形体的塑造，形体与空间相辅相成。形体塑造于空间，空间以形体为界定。这种空间既是审美空间，又是实用空间。

一、立体空间

所谓立体空间，是指能够占据一定的空间和位置的以实物为中心的空间。因为立体空间有能占据一定空间和位置的作用，因此存在着实际空间和虚拟空间的差异，在设计中，成为虚形和实形。如果虚实两者运用得当，会获得事半功倍的效果。

　　完成立体空间的作品，塑造立体形体，要了解和掌握立体形态的特征，掌握各元素之间的造型法则，把握造型的体积、块面、空间等，掌握各种表现技能，从而激发艺术的创造力。如图1-12所示的折纸形状的灯具，其设计者既了解灯的本质，又了解材质的本质。

　　除此之外，塑造立体形体还需理解任何形体都可以还原到点、线、面构成的造型原理。再复杂的形态都能以最简单的方式提炼到几何形体中，如长方体、立方体、圆锥体、球体等。如图1-13所示的简约时尚的韩国家具设计，完全可以把它们归结为简单的立体形态。

图1-12　灯具

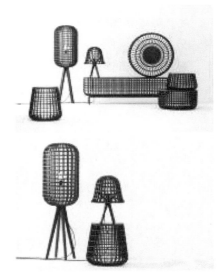

图1-13　韩国家具设计

　　仔细想来，立体空间涉及的领域非常广，如文学、数学、音乐、电影、摄影等。因此，掌握三维空间造型及立体空间更需要设计师熟悉和了解这方面的知识，不断总结积累多方面的经验，提升洞察社会的能力，培养敏锐的观察力和想象力，将三维空间造型拓展到更多学科中，培养创造力和艺术才能。

二、空间构成的理念

　　空间对于人们来说是无限的。以宇宙为例，这个浩渺的空间给人们十足的神秘感。因此，人们对空间总有一种好奇和强烈的探索欲望，如对自然界物质的结构方式、事物与事物之间的关系等。这种好奇促使着人类自诞生之日起就开始思考如何与自然界共生，如在古代，人类发明的生活器具都是取之于自然界，为人类的生活提供便利的。

　　在过去，空间构成的结构合理性往往在于它的使用功能上，而随着现代艺术设计的出现，设计师不仅满足人们的使用功能，而且在造型上开始追求另一种艺术方面的意义。如住宅，它已经不是简单的仅能够满足住的需求的空间了，更大的意义在于空间结构是具有观赏性的。

🌀 拓展阅读

　　当结构成为艺术观赏内容的时候，日常用品的意义已经不再是仅具有供人用的功能，而是可以体现人们的品位及设计地位，以及与环境的默契，要求更能彰显一种时代特征，在物质文化上留下明显的痕迹。

　　空间构成的理念包括设计的物品、产品，在物质设计中应与环境相适应。视觉关系并不是设计的最本质途径，而结构往往是最重要的，任何结构都应该处在环境之中，而不是与环境孤立的。也就是说，人们必须对结构所处的环境、结构所承担的功能做必要的分析。

除此之外，自然时尚也是设计师崇尚的一种简洁、有力、柔性的结构形态。设计师掌握有效因素，才能使结构与环境和谐。可见，结构不是一种完全独立的设计，它不但要与人类社会的适应性有关，而且要与自然界的生态系统相统一。

源于自然而高于自然是今天设计师都认同的理念。在现代，很多设计都与空间的形态打交道，必须要利用结构的材料和技术来完成空间结构的审美创造。这是空间构成理念的最好的实践。

三、三维空间造型与空间结构系统

三维空间造型是艺术设计的基础课程。三维空间造型的训练也是一种基础训练，以了解结构的合理性、实用性和美观性之间的联系，从而利用物质结构完成设计内容。

合理性是指包括结构、功能、材料使用方面的物质结构的合理性，以及使用过程中的安全性和简洁性。如图1-14所示，木马是童年的重要的礼物，而这款木马摒弃了传统造型，采用摩托车造型，外形加上可以更换的头部装饰和碳纤维的质地都让这款产品非常突出。

实用性是指能够发挥自身结构的视觉功能和使用功能。

美观性是指在以上两者得到体现之后，结构给人的视觉和心理带来审美的愉悦，如图1-15所示。

图1-14　摩托车造型的木马　　　　　　　　　　图1-15　连笔屑都这么美观的铅笔

树立正确的空间结构理念，是学习三维空间造型的首要任务。作为构成的主要元素之间的相互协调是非常重要的。

在完成空间结构设计的过程中，视觉空间与结构空间的关系是经常遇到的问题。视觉空间和结构空间同属于空间结构系统，属于该系统的两个方面。结构空间是视觉空间的主体，视觉空间通过结构空间来实现。视觉空间是结构空间的拓展，是结构空间的显现和补充，有着结构空间不可替代的作用。

空间结构的主体地位一方面需要通过结构功能性来实现，另一方面要实现结构的形式美感，使其与视觉环境和谐起来。空间的合理配置，不仅要考虑结构上的承载，而且要考虑设计风格和审美心理等诸多问题。如图1-16所示是纽约市地下铁公共艺术设置，其被命名为"地下生活"。这一系列公共艺术设置兼具了实用、美观的特性，还能与市民的审美相融合。

对任何一个结构来说，结构的安全是由其强度、刚性、稳定性综合决定的，其承载能力和传力方式是设计师必须面对的首要问题。如房屋的建设，尽管其实用和美感是设计师

图1-16　纽约市地下铁公共艺术设置

需要考虑的，但房屋的承载能力和传力方式才是设计师优先考虑的。

结构不是孤立存在的。它是一个强大的具有内在联系的系统。这种系统超过了肉眼视线范围，甚至可以扩大到人的心理感受。三维空间造型的特征是结构以一定的形式和体量感出现。这也是结构设计的主要任务之一。

形式感是指结构的形式因素对人产生的某种感染力，如质地、色彩、线条等。当它们处于结构之中时，便会形成一个可塑造的整体形象。

 经典案例

"新伯明翰图书馆"案例赏析

背景介绍：

新伯明翰图书馆位于一个19世纪30年代的建筑单元和一个19世纪60年代的剧院之间，设计中处处体现着"节能"意识。外表的纹饰既可以阻止过多的阳光进入建筑，也能够让内部空间获取足够的自然光，同时外表的部分区域可开启，能引入自然风。地面广场挖出的圆形庭院为地下层带来光明与通风。

分析：

如图1-17所示，新伯明翰图书馆是一座透明的玻璃建筑。其细腻的表面与这座曾经的工业城市文脉息息相关。图书馆中心有一个圆形的天井，电梯和自动扶梯围绕这个公共空间放置。这个圆形的大厅不仅是图书馆的交通和公共中心，而且为图书馆带来了自然采光和通风。图书馆体量之间的错叠，还形成了屋面露台。屋面露台被设计成为美丽的屋顶花园，成为城市中的大阳台。

 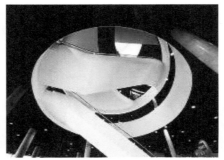 

(a) 透明玻璃外观　　　　　　　(b) 圆形大厅　　　　　　　(c) 图书馆侧面

图1-17　新伯明翰图书馆

综合案例解析：流水别墅

方案设计说明：

1911年，赖特在美国威斯康星州斯普林格林建造的"塔里埃森"是他"地理人文主义"（后来被其称之为"有机建筑理论"）的杰作。从那以后，别墅被认为应该是有生命的、有主题的，可以亲山、可以亲水、可以亲沙漠、可以亲原野、可以亲一切……最重要的是，无论何种环境，家人可以共同去感受。别墅生活被认为是家庭观、人生观、价值观的延续，是人类最终生活理想的反映。这种态度被考夫曼的"流水别墅"推向了极致，如图1-18和图1-19所示。

流水别墅是赖特为考夫曼家族设计的别墅。在瀑布之上，赖特实现了"方山之宅"(house on the mesa)的设计梦想，悬挂的楼板锚固在后面的自然山石中。第一层几乎是一个完整的大房间，通过空间处理而形成相互流通的从属空间，并且有小梯与下面的水池联系。正面在窗台与天棚之间是一块金属窗框的大玻璃，虚实对比十分强烈。整个构思大胆、巧妙，成为世界最著名的现代建筑。

分析：

如图 1-18 所示，流水别墅在建筑造型和内部空间上体现了伟大艺术品的沉稳、坚定的效果。这种从容安静的气氛，连接山林之间力与反力相互集结之气势，在整个建筑内外及其布局与陈设之间发挥到了极致。如图 1-19 所示，不同凡响的环境使人犹如进入一个梦境，通往巨大的起居室空间的过程，正如赖特作品的特色一样，必然先通过一段狭小而昏暗有顶盖的门廊，然后进入反方向上的主楼梯。透过那些粗犷而透孔的石壁，右手边是直通的空间，而从左手边可进入起居室的二层。赖特对自然光线的巧妙掌握，使内部空间仿佛充满了生机。光线流动于起居室的东、南、西三侧，最明亮的部分光线从天窗泻下，一直通往建筑物下方溪流的楼梯，东、西、北侧几乎呈围合状，相形之下较暗。从北侧及山崖反射进来的光线和反射在楼梯上的光线显得朦胧柔美。在心理上，这个起居室空间的气氛，随着光线的明度变化，而显现多样的风采。

图 1-18　著名建筑师弗兰克·劳埃德·赖特的流水别墅远景

图 1-19　流水别墅近景

本章小结

三维空间造型作为设计专业的基础课程，目的是为了让学生有立体造型的意识，将其更好地运用到自己所学的专业上。本章理论内容较多，概念分析清晰，能够让学生更好地了解三维空间造型的相关理论知识，为今后的实践课程学习打好基础，给学生多元化思维的启发和专业理念的指导，从宏观上认识基本概念，达到思维训练的目的。

教学检测

一、填空题

1. "构成"观源于荷兰的 _____，"构成"一词源于 _____。

2. 包豪斯留给经典设计中最有意义并最具代表性的无疑是第一任校长 _____ 亲自设计的德绍时期校舍。

3. 三维空间造型旨在培养人的 _____ 和 _____，研究和探讨如何在三维空间中利用立体造型要素和语言。

二、选择题

1. 风格派的艺术家主要创始人是（　　）。

A. 杜斯堡　　　　B. 蒙德里安　　　　C. V.胡萨尔　　　　D. J.J.P.乌德

2. （　　）具有组成的含义，是一种造型概念，是指具有视觉化和力学观念的形态创造和基础造型。

A. 三维空间造型　　B. 空间结构　　C. 构成　　　　D. 空间构成

3. 立体造型是指由立体的（　　）相组合而构成具体的立体形态，这种造型由具有一定的分量和体积的实体造型构成。

A. 面　　　　B. 线段　　　　C. 元素　　　　D. 构成元素

三、问答题

1. 包豪斯对艺术与设计的关系是怎样理解的？

2. 立体空间是什么？如何利用虚与实完成空间造型的效果？

3. 举例说明三维空间造型的概念和特征。

答案

一、填空题

1. 风格派、构成主义设计运动

2. 格罗皮乌斯

3. 空间想象能力、思维意识

二、选择题

1. A

2. C

3. D

三、问答题

略

第二章

三维空间造型的元素

SANWEI KONGJIAN ZAOXING DE YUANSU

学习目标

1. 了解自然形态和人工形态的特征。

2. 了解三维空间造型的元素。

3. 了解各元素对三维空间造型的影响及意义。

技能要点

区分三维空间造型的自然形态与人工形态，掌握三维空间造型的形态元素。

案例导入

自然形成的石林呈现立体效果

在三维空间造型中，形态是指物体或图形通过外部的点、线、面组合成的物体。形态是一种由无数形状构成的综合体。通过学习，我们发现在自然界和人类社会中，立体空间造型的形态分为自然形态和人工形态。而无论是人工形态还是自然形态，它们都以立体的方式呈现出来。这些形态的基本要素归纳起来就是点、线、面、体。如图 2-1 所示为中国云南著名的石林，其立体感较强。

图 2-1　中国云南著名的自然形态——石林

分析：

拥有世界上喀斯特地貌演化历史最久远、分布面积最广、类型齐全、形态独特的古生代岩溶地貌群落石林，被誉为"天下第一奇观"。

石林形态类型主要有剑状、塔状、蘑菇状及不规则柱状等。特别是此地连片出现的石柱群，远望如树林，人们望物生意，称之为"石林"，石林术语即源于此地。如图 2-1 所示，石林地貌造型优美，似人似物，在美学上达到了极高的境界，具有很高的旅游价值。石林在展现美的同时，也给人们的视觉带来了立体感。错落有致的山石巍峨屹立在天地之间，以天为点，以地为线，以空间为面，构成了立体效果。

第一节

从自然形态到人工形态的立体空间造型

在每一个立体造型中，形态要素是除了机能要素、审美要素之外的三个基本要素之一。形态是物质的表现，可以分为自然形态和人工形态。自然形态是在客观自然环境中用自然的力量成就的形态。如图 2-2 所示，虽然灯塔为人工形态，但冰冻带给灯塔新的装束。人工形态是人类根据自身的生存需要而创造的物质形态，如建筑物、工业产品等，如图 2-3 所示。不管是自然形态的立体空间造型，还是人工形态的立体空间造型，都可以概括为点、线、面、体、光、肌理、空间等。机能要素是形态中的组织元素所具备的功能，审美要素是立体空间造型呈现出来的独具特色的造型美感。

图 2-2　极端天气下的灯塔

图 2-3　人工形态的典型案例——建筑物

一、自然形态的空间造型

自然形态是指在大自然的力量下形成的各种可视或可触摸的形态。如图 2-4 所示是美国的波浪谷，其形成于大约 1.9 亿年前海浪般的岩石结构，平滑的、雕塑感极强的砂岩和岩石上流畅的纹路，创造了一种令人目眩的三维立体效果，这些都是大自然的功劳。

它不随人的意志而改变，比如自然界中的天然山石树木等。这些形态在经过不断的地壳运动变化之后，在不知不觉中形成了一些意想不到却具有极强美感的物质。直至今天，还有很多极具美感的自然形态的空间造型是无法解开的谜团，例如澳大利亚棋盘式路面、澳大利亚波浪岩、中国云南的石林、日本血池温泉等。

图 2-4　美国波浪谷

经典案例

"澳大利亚波浪岩"案例赏析

背景介绍：

在澳大利亚西部谷物生长区边缘的海登城附近，有一个名叫海登岩的巨大岩层。在它的北端有一处奇特的景观，从远处看，就像平地上腾起一个滔天巨浪，来势汹汹；等走近一看，发现原来是一块倒立的巨型怪岩，其颜色艳丽夺目，令人叹为观止，这就是被称为澳大利亚奇景的波浪岩。

波浪岩由于其像高高的海浪而得名。波浪岩露出地面的部分占地几公顷，高出平地约 15 米，长度约 110 米。

分析：

虽然波浪岩屹立在光秃、干燥的土地上，但它过去（在 27 亿年以前）可能部分是在地下，渗入地下的水将这侧面平直的岩石底面侵蚀了。后来，岩石周围的土壤被冲刷，风改变着岩石的外形。风夹沙粒和尘土的吹蚀把较下层的外表挖去，留下成蜷曲状的顶部。雨水将矿物质和化学物沿岩面冲刷下来，留下一条条红褐色、黑色、黄色和灰色的条纹，黑色在早晨的阳光下显得特别亮，如图 2-5 所示。从侧面向远处看去，波浪岩在阳光照射下所形成的阴影，与岩壁结合在一起，形成了明暗对比。这也使得画面具有立体感。弧状的岩壁配合各色的波浪线条纹路，更加凸显出自然所创造出来的空间造型。

二、人工形态的空间造型

人工形态是指人类有意识地将各种视觉要素进行组合加工而成的形态。它体现着人的智慧和体力，可以说人类文明发展的历史也是人工形态创造的发展史。

拓展阅读

相对于自然形态而言，人工形态是随着历史的发展，人类根据自己的需求而创造出来的形态，如服饰、汽车、建筑物、手机、计算机等。人工形态是从实用性和功能性出发来设计的。除此之外，雕塑也是一种人工形态，它是将形态本身作为欣赏对象的纯艺术形态，如图2-6所示。

图2-5 澳大利亚波浪岩

图2-6 当代公共艺术雕塑

由此可见，人工形态是根据人类的使用目的进行的创造，任何人工形态都是集科学性、审美性、实用性、功能性等于一体的综合体。

人工形态根据形态特征可以分为具象形态与抽象形态。

具象形态是依照客观物象的本来面貌构造的写实形态。这是一种模仿自然的形态。它与实际相近，能够反映物象细节和真实性、典型性的面貌，如人物的写实雕塑、秦始皇陵兵马俑等。

抽象形态是在模仿自然的形态之后进行提炼的，如毛泽东同志在《实践论》中所说的"将丰富的感性材料加以去粗取精、去伪存真、由此及彼、由表及里的改造"。抽象的过程是提炼，但又不失事物的本质。它是人类对美进行追求的一种新的思维方式。

  经典案例

具象的人工形态：秦始皇陵兵马俑

背景介绍：

秦始皇陵位于陕西省西安市以东35千米的临潼区境内。秦始皇是中国历史上第一个多民族的中央集权国家的皇帝。秦始皇陵于公元前246年至公元前208年营建，也是中国历史上第一座皇帝陵园。秦始皇帝陵自嬴政初即位时（公元前246年）便开始修筑，至完工历时约40年，用工达70余万人次。秦始皇帝陵主要由地宫、封土、城垣与门阙，各种陪葬坑、陪葬墓，各种附属建筑以及陵邑等部分组成。整个陵园设计缜密、规模宏伟、埋藏丰富。陵园整体布局，在继承前代传统葬制的基础上，又有许多创新。这座伟大的皇帝陵园展现了古代广大劳动人民的智慧力量以及中国古老文明的先进技术。

分析：

如图 2-7 所示，兵马俑坑是秦始皇陵的陪葬坑，有三座，分别为一号坑、二号坑和三号坑，位于陵园东侧 1 500 米处，坐东向西，呈品字形排列。三座俑坑占地面积达 2 万多平方米。秦兵马俑的大型艺术群雕用高度概括和细腻写实的艺术手法，生动地再现了 2 000 多年前秦军的磅礴气势，是我国雕塑艺术史上的一朵奇葩。每一个士兵以及兵马俑中的战马雕塑都栩栩如生，如同鲜活的人和物。古代艺术家正是用一种模仿的形态，反映真实的事物，所有这些秦始皇兵马俑都富有感染人的艺术魅力。

图 2-7　秦始皇陵兵马俑

第二节
三维空间造型的形态元素

无论是人工形态还是自然形态，都是由立体的形态呈现出来的。这些形态的基本要素分为点、线、面、块体。无论对丰富多彩的大千世界怎样分解，都离不开这四种要素。

点、线、面、块体是三维空间造型中的最基本的元素，是有厚度的，能表现真实存在的三维空间。之所以将点、线、面、块体作为三维空间造型的形态元素，是因为这四者的高度概括性和视觉心理反应，能够使人们更好地理解三维空间造型的一般规律。

一、点元素

三维空间造型的形态元素中，点是最基本、最简洁的几何形态。在几何学中，点只代表位置，没有大小、形状、方向、宽度、厚度，是一个零度空间的虚体。而在三维空间造型中，点是有位置、有长度、有厚度、有宽度、有方向、有大小的实体。在平面造型中，点的造型作品较少，而在立体造型领域，纯粹的点造型更是非常稀少。这是由于为了将点的形态固定在空间中，必须依赖支撑物，如绳索、棍棒或其他形态的物体，如图 2-8 所示。

图 2-8　点线构成（设计者：考尔德）

拓展阅读

在三维空间造型中，点作为立体形态是一个相对的概念。例如，在浩瀚的宇宙中，地球是个点，而在银河系中，地球又是一个不容小觑的体。

点是三维空间造型中所有形态的基础，是形态中的最小单位，也是最常用的元素。如图2-9所示，点的运用体现了这款灯具的简约大方。

点活泼多变的性质具有很强的视觉引导作用。在造型活动中，点常常用来表现强调和节奏。例如，点的排列产生线，点的积聚产生面和体。

不同的点按照不同的排列方式会有不同的空间感，如图2-10至图2-12所示。

图2-9　点在灯具中的运用

图2-11　三个点之间形成了无形的三角形

图2-10　两个点之间形成了无形的线

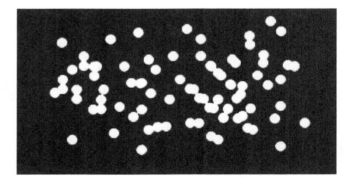

图2-12　视野内的点积聚为一个虚面

经典案例

"仙人球沙发"案例赏析

背景介绍：

如图2-13和图2-14所示，这是一组吸引人眼球的仙人球沙发。其形状全都是用简单的球体配以具有个性的仙人球图案。仙人球大小不等，可以根据喜好摆成各种形状，从而表达出不同寓意。如图2-13所示，大大小小的仙人球沙发组合在一起，代表着相互团结、同心协力。而如图2-14所示，分散着的仙人球沙发，如同单独的个体，离开了母亲的怀抱仍然可以独立生存，代表着个人的坚强意志。

分析：

在这组设计中，最吸引眼球的不是点的造型，而是那让人出冷汗的仙人球图案。但是，从家具整体上看，由于该设计用了大小不等的仙人球，并且能够随意排列，因此，点在该设计中起到的吸引眼球的作用也非常鲜明。大大小小的仙人球随意排列，比较有运动感。单纯的点在三维空间造型作品中并不多见，因为点必须依赖支撑物，因此，点往往与线和面一起构成三维空间造型的作品。

图 2-13　组合在一起的仙人球沙发

图 2-14　单个的仙人球沙发也能吸引人的眼球

二、线元素

人们将长度远远大于宽度的形称为线。线也是三维空间造型的基本形态要素之一。几何学中的线有位置和长度，而不一定具有宽度和厚度。线在形态上可以分为直线和曲线两大类。其中，直线给人稳固的感觉，曲线给人柔美的感觉。

线可以用来连接、支撑、包围或切断其他视觉元素，可以描绘面的边界，赋予面形状。线具有丰富的表现力，能够在视觉上表现方向、运动和增长。线可以指向任意方向，可以是几何形，也可以是非几何形。直线与曲线会使人产生不同的感觉，并对造型整体形成较大的影响。直的棱线、边线可表现男性的特征：冷漠、严肃、明确、挺拔而有力。曲线可表现女性的特征：柔软、飘逸、优美、轻松、富有旋律。线在三维空间造型中起很重要的作用。线能够决定形的方向，能将轻浅的物象浓重地表现出来；线可以形成形体的骨架，成为结构体的本身；线还可成为形体的轮廓而将形体与外界分离开来；线具有速度感，也可以体现动态。而在三维空间造型中，线是具有长度、宽度及深度的实体。与几何学中的线不同，在三维空间造型中，只要能与周围视觉要素比较出线的特征的要素，都可以称之为线。

拓展阅读

按照材质不同，在三维空间造型中，线可以分为硬线和软线。硬线是硬质材料制作的线，如木条、塑料、金属线等。软线是软质材料做成的线，如毛线、棉线、麻线、发丝等。

线是构成空间立体的基础，线按不同方式组合可以构成千变万化的空间形态。

在立体造型中，线的功能很重要。线能够决定形的方向，也可以形成某种结构的骨架，亦可以形成形的轮廓，如图 2-15 所示。线常常给人纤细、流畅、轻巧的感觉。

线的构成方法有很多，依据线的特性，不同的线会表现出不同的效果。

图 2-15　用不规则的线做成立体造型的灯具会有意想不到的效果

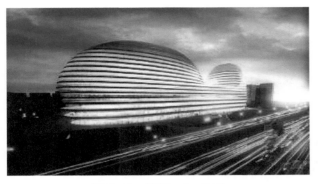

图 2-16　银河 soho 外观

首先，线因为质感不同，可以非常细腻地传递精神信息。

拓展阅读

粗线给人们刚强的感觉，细线给人们纤弱的感觉，直线给人们正直的感觉，曲线给人们柔和的感觉。总而言之，不同的线会给人们不同的感觉。

其次，线的组合具有表现力。比如在绘画的构图中，透视角度的线给人纵深感，整齐排列的线给人秩序感。

再次，线相对于面更具运动感，如图 2-16 所示。

最后，在造型活动中，线的形状、方向、色彩、材料等都可以展现不同的立体。

拓展阅读

三维空间造型的造型必须是材料、内容和形式的完美结合。在进行线的三维空间造型练习时，材料直接影响立体造型的表达，然而，并不是只有昂贵的材料才能做出具有艺术性的立体造型，如图 2-17 所示。

依据造型的思想内涵和表现形式，合理地利用材料，才能恰到好处地表现出设计师的独具匠心，如图 2-18 所示。

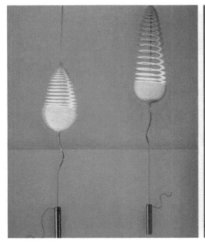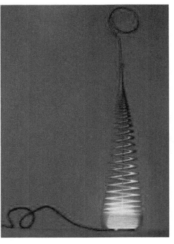

图 2-17　线材的切割、拉伸、悬吊造型

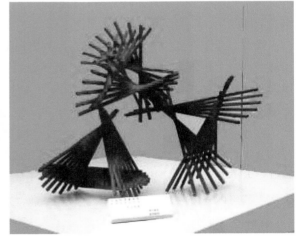

图 2-18　用简单木棍组合的线的三维空间造型

三、面元素

在几何学中，面没有厚度，只有长度和宽度，是由点的密集排列和线的排列形成的。在立体造型中，面元素塑造的形体具有很好的分量感。同时，面具有延展感，稍微进行加工，面就能够成为体块。面是由点的面积扩大或线的移动轨迹形成的。面具有较强的视觉性，不同形状的面给人以不同的视觉感受。一般来说，带棱形的面，如方形和三角形，给人以硬朗、尖锐、有原则、规范、具有工业感、冷漠、不妥协等印象；不带棱角的面，如圆形、弧形，给人圆滑、和气、温暖、柔顺、饱满、成熟、人性化等感受；不规则的面极具变化性，使人产生十分丰富的视觉感受。

知识链接

同点、线一样，面元素也具有较强的视觉性，不同的形状具有不同的视觉感受。在现代化的都市中，多数建筑都是用具有棱角的面组成的，这种面给人硬朗、大气的感觉，但同时会给人冷漠、工业化的感觉。

面立体可以起到增加视觉效果、分割空间和具有一定支撑力的作用。

首先，面会增加视觉效果，面的反复使用可以增加厚重感，如图 2-19 所示。

其次，面可以分割空间，如图 2-20 所示。

最后，面可以具有一定的支撑力，如图 2-21 所示。

图 2-19　不同的面组成的具有厚重感的椅子

图 2-20　不同色块的面分割的墙体空间

图 2-21　现代型材制成的弯曲的面可以支撑人体重量

经典案例

"意大利手工制作多功能书架"案例赏析

背景介绍：

如图 2-22 所示的书架是意大利手工制作的多功能书架。设计师摒弃了传统书架的理念，使这款多功能书架既是书架又是衣服架，还可以做自行车固定架。在这个设计中，每一个模块可围绕其内部的轴旋转，木块的一段设

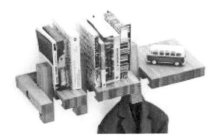

(a) 手工书架

(b) 手工衣架

(c) 手工自行车车架

图 2-22　手工多功能书架

计成挂钩，实现"挂"的功能。

分析：

该设计不仅实现了分割空间的功能，而且完成了空间构成实用性的设计。生活的多变，在这个设计中淋漓尽致地体现了出来。它真正体现出设计师运用一个工具完成了"一工多用"的设计理念，而这也正适合居家空间小的家庭，能够帮助他们节约空间。

四、块体元素

在造型设计中，无论是艺术品还是生活用品，块体元素的应用非常普遍。大到建筑，小到餐具，块体的使用极为常见，如图 2-23 所示。

块体可以分为空心体和实心体。空心块体给人镂空的感觉，实心块体给人厚重的感觉。

从视觉方面看，块体较点、线、面有不同的视觉特征。

第一，块体占有一定的空间，有强烈的空间感，如图 2-24 所示。

图 2-23　块体元素的应用

图 2-24　不常见的力学支撑强烈的空间感

第二，块体更具有重量感，如图 2-25 所示。

第三，一些规则的块体，如正方体、球体等，具有秩序、稳重的感觉，如图 2-26 所示。

第四，不规则的块体给人活泼的感受，如图 2-27 所示。

第五，不同体量的块体给人不同的感觉，如图 2-28 所示。

图 2-25　聚集成体的球体(托尼·克拉克作品)

图 2-26　常规形体不常见的摆放组合方式

图 2-27　多边形体的运用动感十足

图 2-28　不同质感不同重量的体

经典案例

奇形怪状的麻省理工学院斯塔塔中心

背景介绍：

如图 2-29 所示的位于美国麻省理工学院的计算机信息与情报科学斯塔塔中心（Stata Center），是著名建筑师

图 2-29　麻省理工学院斯塔塔中心

法兰克·盖瑞（Frank Gery）的作品。它充分显示出了设计师活跃而冒险的一贯设计风格。它采用超现实主义风格的倾斜塔造型、异常角度墙壁和异想天开的形状，看上去奇怪而迷人。值得一提的是，内部除了教室和研究设施外，居然还设有健身场馆、大型礼堂和托儿中心！

分析：

麻省理工学院斯塔塔中心很像是一栋栋大楼倒在一起，外表像迪士尼乐园，色彩鲜艳，造型可爱。建筑物里有铝制的圆饼，不锈钢和橘黄色砖石砌成的小塔，以及许多大小不一的筒形、方形和圆锥形积木玩具模型。"它就像一个顽皮的孩子正拿着一把斧头向模特砍来"，"像一堆喝醉的机器人一起狂欢庆祝的派对"，给人活泼的感受。

设计师盖瑞还意味深长地使用了三原色：红、黄、蓝（有了三原色，就可以调出无穷无尽的颜色），象征科学研究是人类探索未知世界的基本手段，为人类求解自然奥秘提供了无穷的可能性。该中心从立体造型的角度看，虽然非常怪异，但设计感极强，具有强烈的空间感。

综合案例解析：大雁塔点、线、面分析

背景介绍：

如图 2-30 所示，大雁塔被视为古都西安（陕西省）的象征，是全国重点文物保护单位。大雁塔建于唐代永徽三年（公元 652 年），塔身七层，通高 64.517 米。2011 年 1 月 17 日，大唐芙蓉园景区正式将西安大雁塔批为国家 5A 级旅游景区。大雁塔也是国家文物局公布的首批丝绸之路申遗中国段 22 处申遗点之一。大雁塔是为保存玄奘法师由天竺经丝绸之路带回长安的经卷佛像而建。大雁塔作为现存最早、规模最大的唐代四方楼阁式砖塔，也是佛塔印度佛寺建筑形式随着佛教传播而东传入中原地区并融入汉文化的典型物证，是凝聚了汉族劳动人民智慧的标志性建筑。

大雁塔因坐落在慈恩寺西院内，因此，又被称为慈恩寺西院浮屠（浮屠即塔的意思）。随着大雁塔声名远播，各地流传着"不到大雁塔，不算到西安"的说法。

分析：

大雁塔是中国唐代佛教建筑艺术杰作，大雁塔的设计融合了点、线、面、块体的立体形态元素。大雁塔是砖仿木结构的四方形楼阁式砖塔，由塔基、塔身、塔刹组成，现高为 64.517 米。塔基高 4.2 米，南北约 48.7 米，东西 45.7 米；塔体呈方锥形，平面呈正方形，底边长为 25.5 米，塔身高 59.9 米，塔刹高 4.87 米。塔体各层均以青砖模仿唐代建筑砌檐柱、斗拱、栏额、檀枋、檐椽、飞椽等仿木结构，磨砖对缝砌成，结构严整，磨砖对缝坚固异常。塔身各层壁面都用砖砌扁柱和阑额，柱的上部施有大斗，在每层四面的正中各开辟一个砖拱券门洞。塔内的平面也呈方形，各层均有楼板，设置扶梯，可盘旋而上至塔顶。第一、二层多起方柱隔为九开间，第三、四层为七开间，第五、六、七、八层为五开间。塔上陈列有佛舍利子、佛足石刻、唐僧取经足迹石刻等。

图 2-30　大雁塔

塔的底层四面皆有石门，门楣上均有精美的线刻佛像。西门楣为阿弥陀佛说法图，图 2-30 中刻有富丽堂皇的殿堂。画面布局严谨，线条遒劲流畅，传为唐代画家阎立本的手笔。底层南门洞两侧镶嵌着唐代书法家褚遂良所书，唐太宗李世民所撰《大唐三藏圣教序》和唐高宗李治所撰《述三藏圣教序记》两通石碑，具有很高艺术价值，人称"二圣三绝碑"。

本章小结

本章讲述了三维空间造型的形态要素，从点、线、面、块体四个方面分别详细地阐述了立体的基本要素，帮助大家对形态进行系统的、立体的认识和理解。当代设计的最重要的理念是创造价值，提出新的理念。在本章的学习中，通过国内外优秀的案例，帮助读者更深层次地了解立体空间造型及元素。

教学检测

一、填空题

1. 人工形态是指经过人类 _____ 将各种视觉要素进行组合加工而生成的形态。

2. 无论是人工形态还是自然形态，都是由立体的形态呈现出来的，这些形态的基本要素分为 _____、_____、_____、_____。

3. 在立体造型中，_____ 元素塑造的形体具有很好的分量感。

二、选择题

1. 三维空间造型的形态元素中，（   ）是最基本、最简洁的几何形态。

A. 点　　　　　　　　B. 线　　　　　　　　C. 面　　　　　　　　D. 块体

2. （   ）是指在大自然的力量下形成的各种可视或可触摸的形态。

A. 人工形态　　　　　B. 立体形态　　　　　C. 自然形态　　　　　D. 空间形态

3. 以下不属于块体元素特征的是（   ）。

A. 占有一定的空间，有强烈的空间感

B. 具有重量感

C. 具有秩序感、稳重感

D. 给人纤细、流畅、轻巧的感觉

三、问答题

1. 点、线、面、块体在立体空间造型中起到的作用各是什么？

2. 点、线、面、块体四者有何区别与联系？

答案

一、填空题

1. 有意识地

2. 点、线、面、块体

3. 面

二、选择题

1. A

2. C

3. D

三、问答题

略

第三章

三维空间造型的形式美法则

SANWEI KONGJIAN ZAOXING DE XINGSHIMEI FAZE

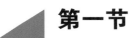

学习目标

1. 了解三维空间造型几大感觉的内容与特征。

2. 熟知三维空间造型的几大形式美法则。

技能要点

了解三维空间造型的感觉——量感、空间感、肌理感、错觉。掌握形式美法则。

案例导入

产品包装表现出的视觉形象

现实世界中的物象以一种奇妙的形式触动人们的视觉，与人们的心灵产生共鸣，引起了审美的反应。人们通过对立体感觉的培养及长时间的归纳与总结，得出结论，没有一种艺术形式是为了自身的存在而存在的，艺术形式的使用是要再现超出自身存在之处的某种东西。也就是说，所有自然构成要素都有一定的法则，即三维空间造型的形式美法则。在包装设计中，设计师运用艺术美感，将产品与现实物品联系在一起，从而引发消费者的共鸣，吸引消费者的购买欲望，达到商品包装所表现出的视觉形象这一特征。如图 3-1 所示为食品包装。

图 3-1　产品包装表现的视觉形象

分析：

如图 3-1 所示的包装设计不仅是一种视觉形象，而且典雅的色彩和复古的包装都给产品本身加分，表现出了产品的生命活力。包装纸的外皮由灰白、绿两种颜色组成，绿色代表着健康、环保；灰白代表清洁，同时更加凸显印在上面的文字及图案。两种颜色的包装纸包裹着瓶子，用一根草绳绑在一起，达到了设计者所要体现产品的理念："自然、健康、绿色有机食物"，让消费者购买放心，食用安心。

第一节
培养三维空间造型的感觉

艺术品是对情感概念的呈现，它不仅是工艺的呈现，而且是艺术家感觉的呈现。因而，它不仅是视觉形象，而且具有人类的情感，具有某种生命的活力。艺术品的创造也依靠艺术家的感觉。艺术领域的感觉带有知觉的性质，是关于对象和现象的整体形象。艺术感觉并不是来自客观存在的刺激，而是来自人们观察客观事物之后留下的认识的经验。作为艺术与设计者，感觉是影响作品优劣的关键因素，它能够帮助他们透过现象抓住形态的本质，因此，艺术家和设计师的主要任务就是培养感觉和直观判断力。

一、量感

从物理上来讲，量多指体积或容积的大小、数量多少。而从心理感应来讲，量的感受是无法测量的。如在绘画中，由于透视的存在，就会产生"近大远小"的量的感觉，近者与远者，即使物理上的量是相同的，心理上的量感也是不同的。如图 3-2 所示，同样体量的物体因空间的排列给人不同的心理感受。

所谓量感，就是指心理量对形态本质的感受。这种形态本质也是内力的运动变化，内力的运动变化通过形体的外在展现出来。量感可以是体积感、容量感、重量感（见图 3-3）、数量感、界限感、力度感（见图 3-4）等。

图 3-2　侧观桥梁

图 3-3　具有重量感的洛杉矶加油站

图 3-4　具有力度感的椅子创意设计

知识链接

物体是否具有体量美是作品是否有艺术性的关键。量感是主体对客体的源于内心的感受，是使抽象形态具象化的核心。对设计者来说，就是通过物理量感获得美的感受。

量感的艺术内涵使物体具有生命活力。量感，是充满生命活力的形体所具有的生长和运动状态在人们头脑中的反映。只要有意识地塑造，使之具有对外的张力、自在生命力和运动感，就表达了量感。

生命活力是艺术创造追求的目标。给形态注入生命活力的方法，是从自然和生活中提取生物生长变化的表现形式及其景深效果，将这种表现形式运用到形态创造上，来表达某种精神活力，从而获得一种美的感受。如图 3-5 所示，《和平的柱》（贝维斯内尔，1954 年，青铜，高 134 cm），如同点燃的火焰，径直的四根小柱成束状向上跳动着，锐利地刺向空中，象征着无所畏惧、坚贞不屈的意志。它说明和平不单是寂静与安逸，离开克服一切困难的进步运动是不能实现和平的。如图 3-6 所示，《卧象》（摩尔，1951 年，青铜，长 51 cm），在安静之中蕴含着向上的动力。它从颈部肌肉开始向上方强有力地伸开去，依靠其周围宽大开敞的空洞，更加强调了该动势。

图 3-5　雕塑《和平的柱》

二、空间感

过去的很多美学家和艺术理论家，将艺术分为空间的和时间的。这种认识是片面的，

图3-6 雕塑《卧象》

因为空间与时间是不可分割的整体。长期以来，人们忽视了通过感觉经验去理解事物。

空间是由一个物体同感觉它的人之间产生的相互关系所形成的。在哲学上，空间与时间一起构成运动着的物质存在的两种基本形式。它是物质存在的一种客观形式，用长度、宽度和高度来表示。

空间感是视觉与心理同时形成产生的一种感觉。在绘画中，依照几何透视和空气透视的原理，描绘出物体之间的远近、层次、穿插等关系，使之在平面的绘画上传达出有深度的立体的空间感觉。

人类的空间观念，是各种感官相互协调的结果，是外界事物与人的自身相互协调之后确定的空间的存在。没有身体运动的经验就谈不上空间的知觉。如图3-7所示，近大远小的空间感就是人们在长期的经验下获得的判断。人们对空间的距离、大小的判断，最终无须触觉的介入，凭视觉就能大致解决问题，这是眼睛运动经验积累的结果。当人们感知到经过眼睛运动经验的积累，人们就能够很清楚地在图中看出空间感。

人们对空间的概念不仅仅局限在三维空间中，而是通过人的意识形态的作用将空间的概念进行延续。人们对空间的概念分为物理空间和心理空间两类。物理空间是实际存在的物体的空间；心理空间是指实际不存在但人的思维活动能够感受到的空间。

心理学证实，视觉形象不是对感性材料的机械复制，而是对现实的一种创造性把握。它把握到的形象是具有想象力、独创性和敏锐性的美的形象。

空间可以分成三类：正空间、负空间、灰空间。正空间是形所包围的部分。负空间是包围形的部分。灰空间是部分被包围、部分不被包围的形。由形与形所包围的空气的"形"，若与固体形态比较，很难明确地界定其形态。建筑物外侧的空间形态设计是很重要的（见图3-8），而雕塑家则重视立体形态内部包围的空间。空间是相对于实体形态的虚形，尽管它是看不到、抓不着的，但作为一个"形"，在视觉上是可以肯定的。

图3-7 近大远小的空间感

图3-8 不常规建筑所体现的空间正负形

 知识链接

对设计者而言，所创造的视觉形象应该努力留给观赏者想象空间并进行暗示、启发、诱导。一件好的作品能让人产生无限的遐想，给人带来精神上的满足，这种联想是不受空间和时间限制的。

 经典案例

雕塑 《思想改变世界》

背景介绍：

如图3-9所示的雕塑是美国一家非营利机构 TED 创作的，旨在传播正思想、正能量，从而改变生活、改变世界。仔细看，这些排列整齐的小人逐渐发生了变化：弃枪反战的士兵，放下扫帚拎起手包的妇女，逐渐不黑白分明的队伍，等等。而引领这些正能量的有：约翰·温斯顿·列侬（披头士乐队成员，反战者）、艾薇塔·贝隆（阿根廷第一夫人，短暂生命中，致力于扶贫救困）、马丁·路德金（致力于解放黑人）等。这些人拥有先明的思想、正直的人性光辉，从而改变了世界，翻新了生活。正如巴尔扎克所说："一个有思想的人，才是一个力量无边的人"，足见思想之可贵、重要。

分析：

由图3-9所示的雕塑可以看出，雕塑的空间感不仅是指物体本身的空间感，而且指该物体对于人们所产生的心理反应的空间感，换句话说，心理上的空间感与物体本身的物理空间感同样重要。

(a) 雕塑 1　　　　　　　　(b) 雕塑 2　　　　　　　　(c) 雕塑 3

图 3-9　具有空间感的正能量雕塑

三、肌理感

肌理按照形成过程的不同可以分为天然肌理（见图3-10）和人为肌理（见图3-11）。

图 3-10　天然的木材形成的肌理　　　　　　　　图 3-11　老房门的肌理感

三维空间造型是借助材料来实现的，材料的表现力影响着设计师的能力。

肌理是由人类的操作行为而造成的表面效果，是在视觉和触觉中加入某些想象的心理感受。肌理的创造非常强调造型性。肌理可分为视觉肌理和触觉肌理。由物体表面组织构造所引起的视觉之感，称为视觉肌理感；由物体表面组织构造所引起的触觉之感，称为触觉肌理感。

肌理在造型中有以下作用。

首先，肌理可以增强立体感。不同的肌理处理能够产生不同的肌理感（见图3-12）。

其次，肌理能够丰富立体形态的表情。从建筑形态上看，肌理虽然依附于建筑空间的材质，但它决定了壁面表皮的轻重，构成了建筑形式的意义（见图3-13）。

图3-12 不同的肌理感   图3-13 不同的建筑质感——深圳音乐厅

最后，肌理能够传递信息。肌理有一次肌理和二次肌理的区别。一次肌理是临近接触的效果，二次肌理是远看的视觉效果。不管是一次肌理还是二次肌理，都有传递信息的功能。如一些日常用品，如按钮、盖子、开关等，其不同的肌理感觉传递给人们的信息也不同。

图3-14 纸折皱后产生的自然肌理

 知识链接

肌理有不同的形态，其中包括偶然性态、几何形态和有机形态。

偶然形态是不可有意识重复的形态，具有偶然性。如，随意地将纸揉皱而形成的肌理，如图3-14所示，就是偶然形态。偶然形态在三维空间造型中并不容易获得。

几何形态是一种可以重复的形态，一般的机械加工都属于几何形态，其具有理性、明快、准确的特点。

有机形态是强调内力运动变化的形态，它不像偶然形态那样自由，也不像几何形态那样规整，既有自然美，又有人工美，具有合理的完整的机能美，像河滩上的卵石。

 知识链接

肌理不是独立存在的，同时形体表面的组织结构与形体有密切的关系，并对造型有重要的作用，可以增强立体感，消除单调。

经典案例

雕塑 《枪》

背景介绍:

如图3-15所示的雕塑《枪》是由加拿大艺术家桑德拉·布隆姆雷和瓦利斯·肯达尔创作的。从雕塑本身看,他们制作的目的是为了揭示暴力文化仍充斥现代社会,想在思想上和情感上唤起人们对暴力本质的认识,倡导和平、反对暴力。

分析:

如图3-15所示,从立体造型的肌理角度看,这座雕塑将7 000件武器焊接起来,从视觉上给人一种震撼,故而,这种肌理感觉称为视觉肌理。肌理感表现出了画面的立体效果,从视觉上给人强烈的震撼。

四、错觉

艺术与错觉有密切的联系。艺术源于生活,具有真实性;艺术又高于生活,具有对生活的概括性。当艺术高于生活时,人们对于事物的判断就有了准确知觉与错觉。

错觉是一种知觉现象,以视错觉为例,知觉通过心理来判断,并通过人眼传递给大脑进行判断。这就有了人们常说的"不仅要用眼看,更要用心看"。

视错觉,是艺术家不可忽略的问题。视错觉是主观视觉与客观存在不一致的状况。错视觉不仅在立体造型中具有很多情况,而且在几何造型、色彩领域、运动领域等也多有涉及,本书将重点从立体造型的方面进行论述。

立体造型通过不同的角度可以看到不同的形态,只有通过特定的视点才能推论和思考出视错觉。特定的视点可以通过特定的角度观察出具有独特意义的形态。如常在超市里看到的立体画,其实是平面的,但通过某个特定的角度会呈现出立体的效果,如图3-16所示。再如立体舞台设计,也是利用了观众席特定的位置进行设计的,如果从这一特定角度之外的角度观察,会发现舞台上的特定设计都是平面的。

图 3-15　雕塑《枪》

图 3-16　画在地上的立体画从某一个特定的角度看会有立体效果

第二节
三维空间造型的形式美法则

英国艺术家H.里德曾说:"如同艺术中的形式要素一样,人的美感是一种持久的、静态的因素。可变因素是

图 3-17　上海世博会浦西园区内以废旧螺丝、齿轮制作的球形雕塑

指人们在其感觉印象的抽象过程中所形成的那种表现力。"形式美法则指客观事物和艺术形象在形式上的美的表现，涉及社会生活、自然中各种形式因素（线条、形体、色彩、声音等）的有规律的组合。形式美的探索几乎是艺术各门类的共同课题。

审美的追求与探寻是人类永恒的主题，造型艺术设计的各学科都离不开对美的追求。审美的法则是三维空间造型这门设计基础学科的重要内容。

随着人们物质生活水平的提高，人们对于精神世界也有了新的要求。逐渐地，人们对美的要求也开始有了一种百变不离其宗的形式美法则。形态是由造型元素组合在一起的，元素通过形式美法则进行合理的组织和安排，如图 3-17 所示是上海世博会浦西园区内以废旧螺丝、齿轮制作的球形雕塑。当对这些形态进行分类之后，就会发现它们之间的相似性，进而进行总结，便会发现，这些视觉形式有多种共同点，如对比与统一、对称与均衡、意境与联想等。这就要求将这些形式美的特点进行归类，以便于设计工作者的设计。

一、对比与统一

对比与统一是形式美法则中的重要法则，也是一对相互依存但又相互矛盾的统一体，是立体空间构成最重要的原则之一。

拓展阅读

亚里士多德认为，美主要表现为适当的排列、比例和一定的形状，艺术的美是因为它是一个有机的整体，"美是和谐与比例"，从而达到"统一中有变化，变化中有统一"。三维空间造型的对比与统一是相互依存的，是共同为了艺术品的和谐而存在的。

对比是两个或两个以上的事物相互比较，运用对比能将事物的好与坏、美与丑揭示出来，给人留下深刻的印象。三维空间造型中的对比是指在三维空间造型中，构成的各要素以对比的形式存在，如形状的对比、方向的对比，如图 3-18 所示。对比可以改变呆板、停滞的感觉，给欣赏者带来活泼、富有生气的造型和审美意识。

在对比中，应该极大限度地体现各元素之间的差异性，从而使立体形态更加具有运动感和生命力。

在三维空间造型中，对比是通过色彩的对比、肌理的对比、形体的对比、材质的对比来完成的，当然，也包括实体与空间的对比。

统一是指从物质形态上将大千世界回归至物质的统一。

统一是与对比相矛盾的概念，是指在三维空间造型中，构成的各要素以共性的形式存在，以求差异性的减弱，从而获得统一。对三维空间造型统一的要求是为了从全局掌控造型表现，以免造型因重视对比而杂乱无章、支离破碎。换句话讲，统一就是要求设计者协调立体形态各要素之间的关系。

把三维空间造型中的不同元素和形态、形式、材质统一起来，为三维空间造型的最终形态服务。在制作一个三维空间造型作品时，这里以材料因素的选择为例，要选一个主要材料，其他材料作为辅助材料，如果材料的对比过多，就会很难统一，从而影响三维空间造型形态的呈现。

在三维空间造型中，对比与统一是相辅相成的，是矛盾而辩证的。这可以体现为以下几点。

首先，形体上的对比与统一。不同的形状使形体呈现出对比与统一的关系。如图 3-19 所示的西班牙瓦伦西亚艺术科学城的空间构成，就是利用对比与统一来组成一个能够突出建筑主体、强调从属部位与主题部位的主从关系。

图 3-18　方向的对比

图 3-19　西班牙瓦伦西亚艺术科学城

其次，色彩的对比与统一。在三维空间造型中，色彩的对比与统一会形成不同的色彩关系，如色相的对比与统一、明度的对比与统一、纯度的对比与统一，等等。如果色彩协调得好，便会给人秩序感（见图 3-20 和图 3-21）。

图 3-20　色彩的对比与形状、风格统一的雕塑

图 3-21　外婆人家室内装饰的对比与统一

利用色彩的对比与协调可以达到出奇制胜的效果。如图 3-22 所示是蛋黄办公室的室内设计，其利用白色与黄色的对比与协调达到了简洁而特别的效果。

最后，形体与空间的对比与调和。形体和空间是不可分割的整体，人们既可以从立体的角度欣赏形体，又能够从理性和情感的角度了解形体与空间的关系。

二、节奏与韵律

在三维空间造型中，节奏与韵律在多种方式中存在，节奏是韵律的单纯化，韵律是节奏形式的丰富化。例如，三维空间造型中的点、线、面各元素都可以通过排列的不同、大小的不同、疏密的不同形成节

图 3-22　蛋黄办公室

奏。如图 3-23 和图 3-24 所示的上海世博会中的西班牙馆、加拿大馆都体现了面与面组成的节奏与韵律。

图 3-23 上海世博会之西班牙馆

图 3-24 上海世博会之加拿大馆

图 3-25 元素在不同地方反复出现能够增加韵律感

在音乐中，节奏是节拍轻重缓急的变化和重复；在三维空间造型中，节奏是同一要素重复时产生的运动感。

三维空间造型中的节奏感的强弱与构成元素的复杂与否有关，元素复杂，节奏就强；元素简洁，节奏就弱。

三维空间造型中的韵律源于各要素的反复出现，单纯地反复所形成的规律发展变化会产生韵律，如图 3-25 所示。

拓展阅读

与对比与统一一样，节奏与韵律也是密不可分的统一体，是感受和创作的关键。节奏与韵律存在于人们的日常生活中，很多建筑以复杂的形式表现美感，如图 3-26 所示。体现形体韵律美的重复方式有两种，一是形状的重复，二是尺寸的重复。

以渐变构成节奏感是节奏的表现形式之一。通过色彩、形状、肌理、材质等有规律地渐变可以使立体造型更加丰富。即使是一个简单的元素，通过渐变也能获得丰富的效果。

在空间环境中，韵律既存在于外部空间，又存在于内部空间。当点、线、面等构成元素以韵律的形式出现时，它们的魅力就会表现出来，如图 3-27 所示。从很多现代建筑来看，内部的韵律和外部韵律会通过特定的形式表现出来，从而体现建筑的韵律美。

图 3-26 韩国艺术家 yun woo choi 的雕塑作品

图 3-27 挪威国家石油公司总部办公楼

经典案例

"圣阿尔费奇教学楼" 案例赏析

背景介绍：

如图 3-28 所示，这是由 Design Engine 建筑有限公司为英国温彻斯特大学设计的圣阿尔费奇教学楼。项目旨在在一栋新建大楼内为大约 600 名学生提供 8 个教学空间。基地位于边缘地带，占据了较高的突出位置并面向周围的绿色开敞空间，能够被附近居民看到，同时也突出了建筑的沿街立面，以一个特别的标识强调学校的入口空间。

分析：

建筑采用了一系列简单的材质。外部使用低能耗的雨屏纤维水泥板、一个提供自然通风的连续深灰色百叶窗系统和深灰色铝制幕墙系统。建造中采用一个主要的钢结构框架和块墙。整幢建筑营造了现在所呈现的既简约又富有韵律感和节奏感的外观与内在。

图 3-28　圣阿尔费奇教学楼

三、比例与尺度

比例是物与物相比形成的概念，尺度是物与人相比形成的概念。

在三维空间造型中，比例是指形体整体与部分、部分与部分之间的比率关系。形体的比例是可以通过视觉来感知和认识的，因而，采用符合人的审美要求的比例才能创造出令人愉悦的产品。

古希腊哲学家毕达哥拉斯通过反复比较，得出了 1∶0.618 的比例最为完美的结论，德国美学家泽辛把这一比例称为黄金分割的比例。0.618 是一个无理数，是将一条线段呈现出最完美比例的分割点。按此比例分割的造型非常具有美感，代表着生活和艺术的比例与尺度的最理想的标准。人们能够惊奇地看到，自然界中很多事物都是符合黄金分割原则的，如图 3-29 所示。而在现代的艺术与设计中，根据黄金分割比例来创作作品也成为法则之一。

在制作三维空间造型作品的过程中，有几种分割法：等形分割——形态和重量完全相同的分割法，等量分割——形状不等、重量相等的分割法，自由分割法——不规则、具有自由性的分割法，等比分割法——一组数列中，比值不变的分割法。

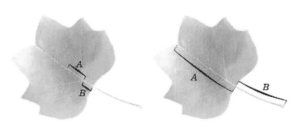

拓展阅读

尺度是人们衡量立体形态的尺寸，人们在接受不同的形体

图 3-29　植物叶子的黄金分割

时会产生不同的心理反应。每种形态都有自身相应的尺寸，因而，设计师的任务就是设计出既能体现尺寸合理性又能引起人们心理愉悦的三维空间造型形态。

四、对称与平衡

在三维空间造型中，对称与平衡是指视觉上达到一种平衡的状态，如果两者平衡得当，就会产生一种美的感觉，如图3-30所示。

对称原意指"同时被计量"，是指在中轴线两边的单位可以被一个公共的单位除尽。在平面构成中，对称被称为均齐。早在几千年前，人们就已经开始用对称来创造图纹进行平面设计，也会利用对称来设计园林、建筑，如图3-31所示。

以上图例表明，当对称出现在空间形态中时，会给人自然、安定、均匀、整齐、端庄的美感，给人一种视觉的愉快享受。

对称的特点是具有规律性，整齐、统一。以建筑为例，很多建筑为了体现庄重都会强调对称性，形态越复杂的建筑越强调对称性，如皇家园林建筑、市政大楼等。如图3-32中的法国里昂歌剧院的对称的柱式结构就是典型的代表。

图3-30　法国古典园林的对称美　　　　图3-31　中心对称的泰姬陵　　　　图3-32　法国里昂歌剧院

值得注意的是，三维空间造型中的对称会产生呆板、单调的感觉，因此为避免这一问题，在设计时应适当加入不对称的因素。

平衡也称均衡，均衡是建立在力学基础上的，追求视觉上的平衡。

平衡式的造型结构相对自由，大都是指团的形式左右对称、上下均衡。平衡有对称的平衡与非对称的平衡，均衡与对称是相互联系的两个方面。

拓展阅读

对称与平衡的造型是两种重心稳定的造型形式。对称式的构图要求以中轴线或中心点为准，要求结构严谨。平衡式构图要求以中轴线或中心点为依据，图形可以等行不等量，只要在结构上重心稳定，达到视觉的平衡即可。

综合案例解析：雀巢巧克力博物馆

方案设计说明：

雀巢巧克力工厂希望建筑师建造一条内部通道，使参观者能够观看到巧克力的制作过程。Rojkind建筑事务所仅用了两个半月的时间就在墨西哥城修建了这座雀巢巧克力博物馆。博物馆沿着高速公路展开的300米长的立面形成了雀巢巧克力厂的新形象。建筑物鲜红的色调让人一下子就想到雀巢的KitKat巧克力。善于把折线玩得出神入化的Rojkind Arquitectos为博物馆设计了一个有趣的外形和室内空间。沿着这个弯曲的"管道"前行，并在适当的场所让参观者驻足观看，可以一路体验雀巢在这座城市的成长历程，还可以到达旧厂房的隧道。一期工程建造了 634 m² 的空间，作为儿童体验博物馆的主要入口。孩子们在这里能愉快地开始巧克力之旅，游戏区、接待区、剧院、商店和通往老厂的隧道为孩子们创造了丰富的体验经历。

巴西建筑师 Metro 完成了这座红色玻璃巧克力博物馆建筑。这座时尚的建筑将道路和巴西原有的巧克力工厂周围建筑结合起来。透过隧道之间的窗户和工厂的墙壁，参观者可以看到内部巧克力的加工程序。钢铁框架的两端有两座塔幢建筑，那里有入口和楼梯的出口。这座建筑位于圣保罗和里约热内卢之间的高速公路旁边，来往的车辆和行人都能够看到亮红色的雀巢巧克力博物馆建筑，如图 3-33 所示。

分析：

从图 3-33 可以看出，雀巢巧克力博物馆的形状既像折叠的纸鸟，又像一艘宇宙飞船，根据前来参观者的想象力不断变化，这既是雀巢巧克力博物馆的特征，也是当时设计师的设计理念。

以多面体的外部结构所营造出来的视觉空间，既在色彩对比上突出了雀巢巧克力的色彩特征，而且形体上充满了趣味和视觉张力。

图 3-33　雀巢巧克力博物馆

本章小结

本章讲述了三维空间造型的审美要素与形式美法则。三维空间造型的立体感觉包括量感、空间感、肌理感和错觉四个方面。了解三维空间造型的立体感觉是培养设计师感觉的基础。了解三维空间造型的审美形式，体会审美需求，掌握形式美法则中的对比与统一、节奏与韵律、比例与尺度、对称与平衡的意义和作用，培养艺术设计学生的形象思维与逻辑思维，从而结合所学专业培养创造力。

教学检测

一、填空题

1. 所谓量感，就是指心理量对形态本质的感受，这种形态本质也是 _____。

2. 肌理按照形成过程的不同可以分为 _____ 和 _____。

3. 在三维空间造型中，_____ 是指视觉上达到一种平衡的状态，如果两者平衡得当，就会产生一种美的感觉。

二、选择题

1. 物体的（　　）是作品是否有艺术性的关键。

A. 量感　　　　　　　B. 体量美　　　　　　　C. 空间感　　　　　　　D. 对称

2. 肌理有不同的形态，其中包括偶然形态、几何形态和（　　）。

A. 有机形态　　　　　B. 自然形态　　　　　　C. 物理形态　　　　　　D. 人为形态

3. 三维空间造型的形态美法则不包括（　　）。

A. 对比与统一　　　　B. 节奏与韵律　　　　　C. 对称与平衡　　　　　D. 黄金分割原则

三、问答题

    1. 设计师应该从哪些方面培养立体感觉？

    2. 三维空间造型的审美需求是什么？

    3. 形式美法则包含哪些内容？

 答案

一、填空题

    1. 内力的运动变化

    2. 天然肌理、人为肌理

    3. 对称与平衡

二、选择题

    1. B

    2. A

    3. D

三、问答题

    略

第四章

三维空间造型的空间形态

SANWEI KONGJIAN ZAOXING DE KONGJIAN XINGTAI

学习目标

1. 了解三维空间造型的空间形态的种类。
2. 了解三维立体空间的构成种类。
3. 了解从平面到三维的空间分割的方式。

技能要点

掌握立体空间的空间形态。

案例导入

俯视城市景观

人类生活在一个立体的空间中，放眼望去，人们的生活周围存在着各种各样的立体形态，不仅可以在视觉上看到，而且可以在心理上感觉到。人们可以从不同的角度观察它、触摸它，进而所得到的感受也各不相同。立体形态充斥着人们的生活，如使用的计算机，手机，交通工具如汽车、轮船，生活用品如牙刷、杯子，城市景观等都属于空间形态的范畴，如图4-1所示。空间转换能力是学习三维空间造型的必需条件，也是完成三维空间造型创作的基本能力。

图4-1　城市景观

分析：

在图4-1中，拍摄者采用俯拍的方式将夜晚的城市美景记录了下来。画面中，城市中的建筑物表现出了较强的空间感和立体感，夜晚独有的光线色彩使这座城市看起来更加迷人。

第一节
空间的类型

空间是实体形态之间或被实体包围的间隙。空间分为实空间和虚空间。实空间是看得见的依赖物质形态的长宽高进行表达的客观存在，它是与物质形态联系在一起的，根据物质形态做出限定的。虚空间是指实际不存在，却能够给人一种心理感受的空间。如在狭窄的空间里镶嵌一面镜子，可以给人空间延伸的感觉。

拓展阅读

所谓空间意识，则是一种心理空间，是形体与人的一种依存关系，是人类对空间的自觉认识。

一、半立体空间

半立体空间是介于二维和三维之间的空间形态，也称二点五维构成（two and half dimensional design），是对平面材料进行立体化加工之后所得的，加工后的平面材料在视觉上和触觉上相比二维较有立体感，如图4-2所示。

通过折叠、弯曲、切割等方法，可以使平面材料变为半立体空间构成。在现实生活中，可以利用纸张、塑料板、有机玻璃、木板来进行半三维空间造型的训练。

浮雕是常见的半立体空间的实例。它是一种特殊的半三维空间造型，它通过对平面材料进行立体化加工，使触觉和视觉上具有立体感，如图4-3所示。浮雕强调层次感，常以深度的和形象的对比来突出层次上的张力，如果设计得当，具有很强的视觉冲击力。

具体说来，半三维空间造型可分为抽象构成和具象构成两类。

第一类，抽象构成。所谓抽象构成，就是通过加工变形，创造出一个抽象的具有形式美法则的半三维空间造型，体现美的艺术效果。

第二类，具象构成。所谓具象构成，就是通过各种加工和变形的手段，来表现具体的事物，如人物、动物、风景等。如图4-4所示为用卡纸制作的半三维空间造型。

图4-2　生活中常见的蛋糕就是
半立体空间

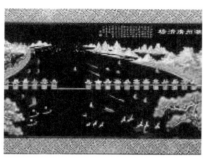

图4-3　麦秆浮雕《潮州广济桥》

图4-4　用卡纸做的半三维空间造型

这种纸做的浮雕，在日常生活中也很有用，如进行墙面装饰、壁挂、店面装饰等，充分体现了艺术与生活的关联。

半三维空间造型有以下制作手法。

第一种，自然褶皱。将面材进行揉搓之后，由于面材受力，形成不规则的褶皱，如图4-5所示。

这种自然肌理的效果在第三章节中有所提及。这种效果也是经常用到的形式。如4-6所示为褶皱效果的创意广告。

第二种，抽褶。抽褶主要应用于纺织类的材料，用线来抽紧面料的同时不破坏材料，形成面料上的褶皱，从而打破单调感。如图4-7所示为窗帘常用的抽褶形式。

图4-5　纸的自然褶皱效果

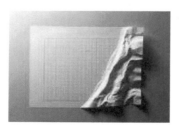

图4-6　用于平面广告中的纸的褶皱效果

图4-7　窗帘常用的抽褶形式

第三种，折曲。面材通过单向、双向等方式，形成丰富的变化内容。在进行这种半三维空间造型时，应该在位置上画上虚线，按照位置进行折叠。

拓展阅读

划痕的方向与折曲的方向是相反的，一般用铅笔做淡淡的标记线即可。如果铅笔线过于浓重，会显得很脏。如果材料相对轻薄，可以不必用铅笔标记。

其具体方法如下（见图4-8）。

单向折：将面材沿着单一的方向折曲。

对向折：将折曲方向相对，形成台棱折。

变向折：将折曲的方向有规律地重复变换，形成蛇腹形状。

中心折：折曲由中心开始，形成放射状的折曲效果。

弧形折：折曲痕迹形成弧形状，形成漩涡式折曲效果。

图4-8　纸面按不同方法折曲所呈现的丰富效果

第四种，切割。以上三种方法都是不用做切割就能达到的半三维空间造型效果的方法。切割也是一种方法。可以通过具有重复性的直线曲折进行切割，也可以通过在纸上进行多切多折进行切割，亦可以在薄壳面材上进行切割，如图4-9所示。这种方式亦可作为实际运用，例如立体贺卡的制作，如图4-10所示。

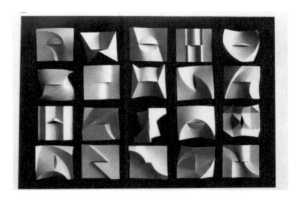

图4-9　纸面一切多折法的各种效果

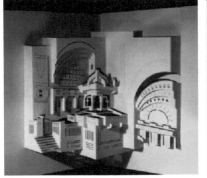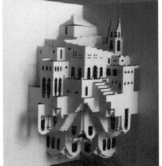

图4-10　纸面切割的立体贺卡

二、三维立体空间

当点、线、面被赋予一定的厚度，并占有一定的空间之后，就显示出了三维立体空间的特性。三维立体空间是可被感知，具有肌理、材质、体量感的实际存在。

随着观察角度的变化，三维立体空间的观察效果是不定的，由此可见，空间形态是可以随着人的视点的变化而变化的。如图4-11所示为不同角度的视图。

前面已经就三维立体空间造型的构成要素——点、线、面、块体进行了介绍。

在三维空间造型的学习中，如何利用简单的材料进行三维立体空间的学习和培养是学习的重点。接下来，就学习一下三维立体空间造型的制作。

首先，柱式结构。

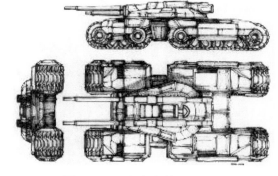

图4-11 不同视角的不同效果

柱式结构是半三维空间造型过渡到三维空间造型的第一个阶段，一般要使用比较硬的材质才可以呈现。在实际生活中，多数柱式结构起承重的作用，也有起装饰意义的柱状雕塑，如图4-12所示。

柱式结构以卡纸为原材料，进行有规律的反复折曲，在此基础上可以对柱体本身进行设计，最后闭合两端边缘，成为一个闭合式的柱体造型。如果柱体上的造型相对复杂，可以先将柱体折曲之后进行封闭，最后再进行主题的设计。

柱式构成可以分为三角柱、四棱柱、五棱柱、六棱柱、圆柱等，亦可以是充了气的柱体造型。在生活中，柱式结构常用在灯具、雕塑方面，如图4-13所示。

图4-12 世博洲际酒店承重墙的设计

图4-13 节庆时所用的充气柱也是柱式构成的一种

就柱式结构的变化形式来看，其可以分为柱端变化、柱面变化和柱棱线变化等。

柱端变化是指柱式结构的柱顶或柱底的设计变化。这种变化是将柱顶或柱底的变化通过曲折、切割等方法表现出来，如图4-14所示。

柱面变化是在柱体的每个侧面上，进行有规律的美感的曲折和加工，加工后可呈现凹凸、拉伸等效果，使柱体的样式有所改变，如图4-15所示。柱面可以有复杂的变化方式，可以是抽象的，也可以是具象的；可以是对称的，也可以是自由的。由此可见，三维空间造型往往综合了多种艺术设计的知识，是平面构成的升华。

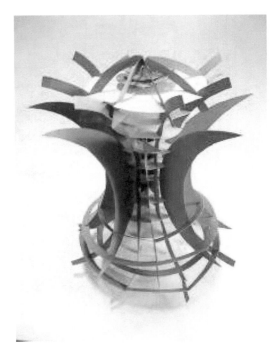

图 4-14 优秀柱体构成设计

图 4-15 纸灯具(来自 Steve Lechot,
Moutier,Schweiz)

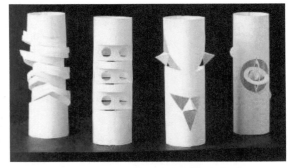

图 4-16 圆柱体也能有丰富的造型

拓展阅读

柱体棱线变化是指对柱体上的棱线进行设计的变化。最常用的方法是切割,即按照画线部分进行切割,可以通过切割进行有规律的变化。切割不仅可以是直线切割,而且可以是曲线切割。

当然,以上说的这三种方式也可以进行综合,使柱体的变化丰富起来,如图 4-16 所示。

其次,集聚构成。

集聚构成是将个体组合成集体的立体造型,形成一种具有韵律感的聚散关系。在集聚构成中,每一个独立存在的完整造型都具有设计的意义,如图 4-17 所示是肇庆的古典村落的集聚构成。

单体的集聚构成经常应用在建筑外观,如图 4-18 所示。其会根据实际需要进行重复和集聚,形式是多种多样的。

图 4-17 古典村落的集聚构成

图 4-18 建筑物中的集聚构成

在制作单体集聚构成时，应把握好整体效果，单体既要精巧又要简练，既要有厚重感又不要过于琐碎。在整体的安排上，要处理好单体与整体的效果，可以考虑用平面构成中的聚散、渐变等构成要素进行设计。

 经典案例

典型的柱体造型——华表

背景介绍：

华表是中华民族的传统建筑物，有着悠久的历史。

相传华表既有道路标志的作用，又有供过路行人留言的作用，在原始社会的尧舜时代就出现了。那时，人们在交通要道设立一个木柱，作为识别道路和标志，后来的邮亭、传舍也用它做标识，它的名字是"桓木"或"表木"，后来统称为"桓木"，因为古代的"桓"与"华"音相近，所以慢慢读成了"华表"。

在这根木柱上，行人可以在上面刻写意见，因此它又叫"谤木"或"诽谤木"。"诽谤"一词在古代是议论是非的意思，就是现代的提意见，所以它又具有现代"意见箱"的作用。

据史书上记载，尧时的诽谤木以横木交于柱头，指示大路的方向。天安门前的华表仍然保持了尧时诽谤木的基本形状。

分析：

如图4-19所示，天安门前的华表上都有一个蹲兽，头向宫外；天安门后的那对华表，蹲兽的头则朝向宫内。传说，这头蹲兽名叫犼，性好望，犼头向内是希望帝王不要成天呆在宫内吃喝玩乐，希望他经常出去看望他的臣民，它的名字是"望帝出"；犼头向外，是希望皇帝不要迷恋游山玩水，快回到皇宫来处理朝政，它的名字是"望帝归"。

图4-19　天安门前的华表

第二节
立体空间形态的创造

自然界中任何复杂的立体形态都是由点、线、面等基本元素构成的。将这些元素进行加工创造，就能得到各种各样的空间形态。把握从平面到立体的创造过程，能够使我们更加深刻地了解空间形态，从而培养立体空间想象能力和创造能力。

一、从平面到三维的空间分割

第一，切割。

对于完成从平面到三维的空间分割来看，切割是一切加工的开始。切割是一种常见的表现形式。对材料来说，

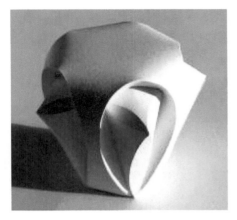

图4-20　只切割不分解的三维空间造型

切割可以不分解，可以只通过切口来完成，如图4-20所示。

拓展阅读

　　在切割的过程中，不一定只通过刀具来切割造型，线体、硬纸板等都可以作为切割的工具。切割的工具要根据目标的不同而选择不同的工具，例如对松花蛋的切割，可能线体是最好的工具；而对木头来说，切割锯齿是最好的工具。

　　在切割的过程中应该首先注意处理好点、线、面之间的疏密关系。其次，切割要留有一定的空间，如图4-21所示。切割可以将材料分解后重新造型，也可以只切割不分解。

　　切割使得造型从平面到立体有了更大的表现空间。它打破了平面的整体性和单调性，从而使空间形态更加多样化，如图4-22所示。

图4-21　由二维切割到三维空间的立体造型作业

图4-22　运用切割完成的三维空间造型作业

知识链接

　　切割的方式有多种，通常分为条理切割和随意切割。条理切割是运用适当的尺度进行切割，以凸显美感；随意切割则更加符合自然韵律。

　　在学生进行三维空间造型训练的时候，不同材料在切割时是有不同技巧的。如对一般纸张进行切割的时候，刀具与被切割材料的角度通常是45°，而对于一些KT板之类的材料（见图4-23），如果也保持45°的切割角度，就会造成不光滑的现象。因此，在切割时，要善于总结经验，用不同的技巧应对不同的问题。

　　第二，弯曲和折曲。

　　物体切割之后重塑的技法有拉伸、插接、弯曲、折曲等，弯曲和折曲是常见的方法。

　　弯曲是将重复的面自然地衔接起来，形成具有美感的立体空间。弯曲之后的空间构成体量感较强，层次丰富，且具有自然韵律，符合人类的审美标准，如图4-24所示。

图4-23　用KT板切割成的三维空间造型作品

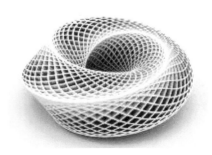

图4-24　弯曲造成的构成美感

折曲则对材料有一定的要求，所选用的材料必须具有一定的柔韧度，塑料、纸张是常用的折曲的对象，如图4-25所示。折曲的好处是将平面折叠，能造出栩栩如生的立体形态。按照不同的折曲的方法，可以产生正方体、多面体、椎体、柱体等立体形态。

第三，折叠。

在进行三维空间造型学习的过程中，纸是最常见的材料，而折叠是纸实现平面到立体转化的常见的造型方法。折叠可以使纸造型成为坚实的结构，如第四章第一节中提到的柱状体，就是坚实的立体造型的代表。再如，常见的纸质包装袋，也是通过折叠来加固整个造型，如图4-26所示。

折叠也是有技巧的，为了保证折叠后折痕坚挺，必须借助圆规、直尺等工具。

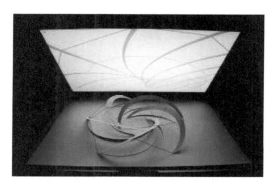

图4-25　纸的柔韧度非常适合使用折曲进行三维空间造型

图4-26　包装设计

二、立体空间形态的创造

学习立体空间形态的创造有助于培养创造性思维，而后通过空间形态的塑造得以实现创造性思维。

关于立体空间形态的创造通常涉及两个问题：创造和创造性思维。

知识链接

人类之所以与动物不同，就表现在人类能够按照自己的意图改造客观世界，通过劳动等行为使客观规律与自身的意图相统一，能创造人类的精神文明和物质文明。创造性思维是人类思维活动的精髓，主要以思维的发散性为特征。人类在探索自然的过程中常常打破常规、积极探索。

以空间形态的创造为例，人类的创造性都是在建立创造思维和进行创造实施的阶段上进行的，当然，将自然形态运用到创造性思维中也是创造出优秀作品的途径之一，如图4-27所示。创造性思维对最终立体形态的面貌的产生具有直接影响。立体空间造型的创造主要通过创造性思维来完成。因此，对立体空间形态的创造来说，必须将所学知识综合地、灵活地应用，创造力才能得以实现，创造性才能变成实际的优秀的作品。

空间形态的塑造主要通过实施来完成创造的价值。在实施阶段，设计灵感和设计理念通过特定的手段表现出来，需要通过设计者对设计程序的合理规划、对材料的把握等对大局的掌控。近年来，很多艺术家和设计师对材料进行大量的开发，塑料、玻璃（见图4-28）、木材（见图4-29）、钢铁（见图4-30）甚至一些大家看起来不可思议的材料，都能作为整合之后的艺术品呈现给大众（见图4-31）。

图4-27　参照小鹿的样子设计的凳子

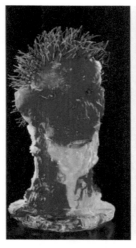

图 4-28　玻璃材料的装饰品（来自 Hank Murta Adams）

图 4-29　木质材料的雕塑（克拉克托尼作品）

图 4-30　钢铁材料的雕塑（匹夫斯奈作品）

图 4-31　用旧硬盘的部分或者零件来制造创意作品

　　当然，作为一门实践课程，再权威、再全面的理论都只是从知识的角度让学生了解。只有通过"做"，才能实现三维空间造型，在此过程中，应该用多种思维方式进行思考和训练。

经典案例

"里斯本火车站"案例赏析

背景介绍：

　　里斯本的新门户——东方火车站（Orient Station）如图 4-32 所示，由西班牙建筑大师 Santiago Calatrava 设计兴建。Calatrava 把该车站设计当成一个城市规划来命题，试图在里斯本北方的一个工业废弃地上，创造出一片城市沃土。Calatrava 仔细整理了废弃港口周遭的环境，最后建立起一个完善的交通枢纽，使其不仅和穿梭各城市间的高速火车衔接在一起，而且将普通客车、公共汽车、地下停车场以及城市轻轨线等整合在一块。

分析：

　　如图 4-32 所示，在造型设计上，Calatrava 的想法是希望在水泥陆桥上造出一小片树林。他的出发点并非是模仿自然，而是藉由大自然所引发的灵感创造出另外一种建筑的可能性。Calatrava 认为："建筑是人为的介入，不能与大自然相提并论，人为的东西本来就不属于自然，建筑艺术甚至永远无法模拟大自然，也不会有结果。塞尚画里的苹果也不是真的苹果，而是塞尚画中以寓言方式表现的苹果，就像画家或雕塑家的作品能够置入艺术家的情感，我相信建筑是在日常生活中最能引发情感的媒介之一。"

(a) 里斯本火车站外景　　　　　　　　　　(b) 里斯本火车站局部

图 4-32　里斯本火车站

综合案例解析：北京奥运会火炬

方案设计说明：

北京 2008 年奥运会火炬创意灵感来自"渊源共生，和谐共融"的"祥云"图案。北京奥运会火炬长 72 厘米，重 985 克，燃烧时间 15 分钟，在零风速下火焰高度 25～30 厘米，在强光和日光情况下均可识别和拍摄。北京奥运会火炬在燃烧稳定性与外界环境适应性方面达到了新的技术高度，能在每小时 65 公里的强风和每小时 50 毫米的大雨情况下保持燃烧。使用燃料为丙烷，其主要成分是碳和氢，燃烧后只有二氧化碳和水，没有其他物质，不会对环境造成污染。在工艺方面，使用锥体曲面异型一次成型技术和铝材腐蚀、着色技术。火炬外形制作材料为可回收的环保材料。同时，还采用轻薄高品质铝合金和中空塑件设计，十分轻盈。下半部喷涂高触感塑胶漆，手感舒适，不易滑落。

如图 4-33 所示，北京 2008 年奥运会火炬从外观、色彩、图案三方面，展示出了设计师的理念——"渊源共生，和谐共融"，同时也突出了火炬的立体感，使人们从空间上感受到火炬带来的三维立体效果。

分析：

如图 4-33 所示的北京 2008 年奥运会火炬，祥云的文化概念在中国具有上千年的时间跨度，是具有代表性的中国文化符号。火炬造型的设计灵感来自中国传统的纸卷轴。纸是中国四大发明之一，通过丝绸之路传到西方，人类文明随着纸的出现得以传播。源于汉代的漆红色在火炬上的运用使之明显区别于往届奥运会的火炬设计，红银对比的色彩产生醒目的视觉效果，有利于各种形式的媒体传播。火炬上下比例均匀分割，祥云图案和立体浮雕式的工艺设计使整个火炬高雅华丽、内涵厚重。

本章小结

当立体的形态充斥着生活的时候，应该用一种理性的方式来面对和分析它。立体空间按照空间性质可分为立体空间和半立体空间，制作这些空间形态也有不同的方式方法。只有在学习的过程中，勤于动手，从三维创造的角度培养空间创造能力，才能将这门基础性学科学扎实。

图 4-33　北京奥运会祥云火炬

教学检测

一、填空题

1. 实空间是看得见的，依赖物质形态的长宽高进行表达的 ＿＿＿＿＿＿，它是与物质形态联系在一起，根据物质形态做出限定的。

2. 三维立体空间是可被感知，具有 ＿＿＿＿＿＿、＿＿＿＿＿＿、＿＿＿＿＿＿ 的实际存在。

3. 自然界中任何复杂的立体形态都是由 ＿＿＿＿＿＿、＿＿＿＿＿＿、＿＿＿＿＿＿ 等基本元素构成的。将这些元素进行加工创造能得到各种各样的空间形态。

二、选择题

1. 虚空间是指实际不存在，却能够给人（　　　）的空间。

A. 思想活动　　　　　　B. 心理感受　　　　　　C. 意识　　　　　　　　D. 感觉

2. 北京奥运会火炬长 72 厘米，重（　　　）克，燃烧时间 15 分钟，在零风速下火焰高度 25~30 厘米，在强光和日光情况下均可识别和拍摄。

A. 945　　　　　　　　B. 900　　　　　　　　C. 986　　　　　　　　D. 985

三、问答题

1. 半立体空间的特征是什么？常用于生活中哪些领域？

2. 三维立体空间有哪些分类？

3. 从平面到三维的空间创造有哪些方式？

答案

一、填空题

1. 客观存在

2. 肌理、材质、体量感

3. 点、线、面

二、选择题

1. B

2. D

三、问答题

略

第五章

立体形态构成的组合方法

LITI XINGTAI GOUCHENG DE ZUHE FANGFA

学习目标

1. 了解线、面、块体等三维空间造型要素的组合方式及方法，掌握组合规律。

2. 培养空间意识，增强立体空间的表现能力。

3. 锻炼动手能力，加深对三维空间造型形态要素的理解。

技能要点

了解线立体、面立体、块状立体，掌握各立体形态的组合方法。

案例导入

线体组成的桥梁设计

背景介绍：

在三维立体空间构成中，线是最主要的材料。它主要是以长度单位为特征的型材，具有方向感和运动感。如图 5-1 所示为德国巴格里亚池塘长桥。因此，在造型过程中，要充分发挥线的特点，塑造出成功的立体空间造型。

德国巴格里亚池塘长桥从整体造型外观上看，都给人以很好的视觉效果。大桥在蓝天白云的衬托下，倒映在水面上，形成一道亮丽的风景线。设计师采用木材作为大桥的主要材质，护栏并排而立，从远处望去，有极强的韵律感。桥墩设计 X 形的结构，可以更好地稳固桥身，混凝土地基使桥墩更加牢固。

图 5-1　线体组成的桥梁设计

分析：

在 2009 年，ANNABAU 事务所得到了德国巴格里亚池塘长桥的设计权。于是，这座 85 米长桥出现在德国巴格里亚 Tirschenreuth 的某池塘上，如图 5-1 所示。从高处望去，大桥越过湖面，勾画出一道漂亮的弧线。大桥设计精良，外观、材料和细节都很动人，简洁的造型与干净利落的技术让桥特点鲜明，十分突出。

钢构木身混凝土地基的桥梁连接旧城与岛屿，是一条为运动休闲提供便利的桥梁。木材排列组合的方式与当地的木建筑风格有呼应之处，木质线材的简洁排列使这座桥梁更具韵律感，如图 5-2 所示。

在夜晚观望这座大桥时，会别有一番视觉享受。此起彼伏的护栏犹如波浪连绵蜿蜒，护栏上的灯具倒映在桥面上，与护栏韵律形成呼应，如图 5-3 所示。

桥身的构架、形态呈现出组合式的立体形式。

图 5-2　大桥局部景观　　　　　　　　　　　　　　图 5-3　桥梁夜景

第一节
线立体形态的构成方法

一、线的形态要素

线是以长度单位为特征的型材，具有方向性。线大体分为直线、曲线和折线。直线具有明快、锐利、速度感等特征。曲线具有柔软、优雅、轻快等特征。折线具有果断、明确等特征。线材的构成要素包括线的断面、线的形态和线的质感。

线的断面：线的断面形状对作品的性质及风格会带来很大的影响。使用断面尺寸较大的线材形成的三维空间造型，会产生坚实和强而有力的感觉，形成圆形，角度转动会产生不同的形态。相反地，如果使用断面较小的线材做三维空间造型，则有纤细的感觉，或产生效果锐利的立体造型。线的断面形状，不仅限于圆形，而且可有各种不同的形状，不同断面的形状会给造型带来很大的影响。采用压扁的线材制作的造型，并没有尖锐的感觉，相反，会产生优雅的感受。极粗的金属线材中断面为实心的较少，多数是中空的环状（管材）结构。尽管是同样的线材，却既有表面光滑的铁丝，又有表面粗糙的麻绳等。线表面的质感对造型效果有很大的影响。此外，同一性质的线材，通过造型处理方法的微妙变化，也可使作品产生特殊的情感和感觉（见图5-4）。

如果将线密集排列，会产生面的感觉。由于线群的集合、线与线之间产生的间距，使线材构成所表现的形体具有半透明的效果。线材所包围的空间立体造型必须借助于框架的支撑。线可以通过各个层面的交错呈现出疏密变化，从而形成优美的韵律（见图5-5）。

图5-4　金属线材的曲面与无序构成所表达的感觉完全不同

图5-5　结构线材雕塑

 知识链接

线与面之间是相对概念，任何形的长宽值比较大时，都可以视为线。线是点的运动轨迹、面的交界、体的转折。

在三维空间造型中，线分为软质线材和硬质线材。

软质线材主要有棉线、麻绳、丝线、化纤线、电线、纸条、金属线材等。生活中常见的线材都可以作为三维空间造型训练的材料，如图5-6至图5-9所示。硬质线材包括木条、塑料、竹条、棉签（见图5-10）等。

图5-6 线可以组成体块的三维空间造型

图5-7 铁丝组成的三维空间造型

图5-8 塑料吸管组合成的三维空间造型

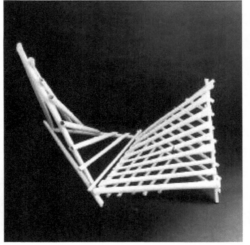

图5-9 纸卷组合成的三维空间造型

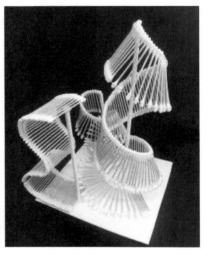

图5-10 棉签组合成的三维空间造型

图5-11 用牙签、冬枣做的三维空间造型

线材不具备空间，但通过它们的组合、排列、聚集，可以表现出面的特征，再通过面进行组合，就会形成空间立体造型。利用框架来进行软质线材的造型，在生活中的应用非常广泛。

二、线立体的构成方法

（1）垒积的方法。这在线立体的构成方法中属于相对较为简单的方法，一般适用于硬质线材。只要是把线材重叠起来做成三维空间造型的方法，都属于垒积的方法。如图5-11所示是杨启源用冬枣和牙签组成的三维空间造型。如图5-12所示是基本的线材垒积构成方法。

（2）桁架的方法。桁架又称网，是将线材采用铰节、构造的方法构造成三角体或三角形，并以这些三角体或三角形为单位组成的构成，如图 5-13 所示。有些框架可以用木板做依托，也可以用木板做框架。

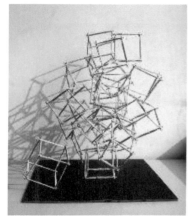

图 5-12　线材的垒积构成　　　　　　　　　　　图 5-13　桁架结构

拓展阅读

桁架是由直杆组成的一般具有三角形单元的平面或空间结构。在荷载作用下，桁架钢结构工程中桁架杆件主要承受轴向拉力或压力，从而能充分利用材料的强度，在跨度较大时可比实腹梁节省材料，减轻自重和增大刚度，故适用于较大跨度的承重结构和高耸结构，如屋架、桥梁、输电线路塔、卫星发射塔、水工闸门、起重机架等。

（3）线层构造的方法。其主要针对软质线材，将简单的直线依据一定的美学法则，或重复，或减免，做出有秩序的构成。自然界中，这种构成方法的典型代表就是蜘蛛网。软质的线可以有不同的构造方法，缠绕是常见的一种，如图 5-14 所示。缠绕的方法有多种，可以将框架固定在板面上，使线在板面和框架之间缠绕，也可以只在框架上缠绕，也可以只在板面上缠绕。线的缠绕方式是多种多样的，也是在三维空间造型中非常关键的。

（4）框架构造的方法。用硬质的线材制作成基本框架，可以根据造型的变化而变化。

（5）编结的方法。这种方法主要是指在基础框架上，用软质材料进行编结，形成手工感较强的造型，如常见的有壁挂、风铃（见图 5-15）、中国结等。

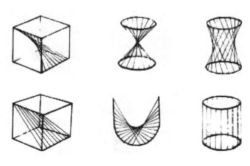

图 5-14　线的三维空间造型基础方法　　　　　　图 5-15　具有民族风情的编织风铃

三、线立体之间的组合构成方法

1. 单体组合

在进行三维空间造型训练时，多种线框重复叠合可以组合成多种单一造型元素的重构，这种造型可以有位置或方向上的唯一变化，如图 5-16 所示。

2. 转体组合

线材组合为长方形、三角形等造型，以尺寸作为排列顺序进行渐变，可以改变方向的变化或尺寸的变化，从来展现造型的韵律美、秩序性，如图 5-17 所示。

图 5-16　木质线材的单体组合构成

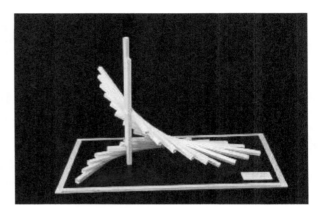

图 5-17　线构成的转体设计

3. 框架组合

框架组合多用于硬质材料制成的框架，加以组合或排列，面层之间进行有序的排列，使各个层面在整体造型上形成变化，进而体现构成的美感，如图 5-18 所示。

4. 垒积组合

垒积组合也多用于硬质材料，采用积木式的组合，用插接、索扣、粘接等方式将三维空间造型塑造成不同的基本形态元素、不同的材质、具有不同特色的空间结构。垒积组合的三维空间造型包括单体形态构成和转体垒积构成，如图 5-19 所示。

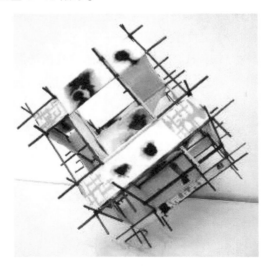

图 5-18　框架与面的组合

图 5-19　硬质线材——吸管的三维空间造型

📖 经典案例

台南市裕文图书馆

背景介绍：

如图 5-20 所示，台南市裕文图书馆位于台南市东区。基地四周为宽 12 米至 20 米的街道，周围环绕公共设施。北面是小学，东面为社区中心，南面有公园，西面的裕信路是该区主要的南北向干道。图书馆为四层的混凝土结构，基地面积2965平方米，总楼面面积3144平方米。计划藏书量11万册。工程预算约为1.22亿美元。

该楼体的外形用单独的线性结构组合，重复构成之后像是一页一页的图书，非常具有寓意。

分析：

图书馆在历史和社会文化背景中有着重要的地位，因此需要使用象征性的形式语言。建筑师在低矮的混凝土体量上半嵌入一个木质体量，这个体量中容纳了众多人类的知识，外面覆盖竖直的木百叶。这是对书籍的隐喻与诠释。木质体量的形式特点是有四个极具雕塑感的曲面，与众不同且具有图像性。在

图5-20　台南裕文图书馆

建筑内部，木百叶和大面积玻璃窗的结合产生了透明宽敞的空间，充满了散射的日光。在这里，凝视与观看的愿望被降到最低，剩下的就只是最原始的阅读行为。

第二节
面立体形态的构成方法

　　面是以长宽为形态特征的，具有延展、平薄的感觉，具有分割空间的作用。面的边界是由线组成的，无数条线可以组成一个面。面的单体具有平面形态的特征。面是由线过渡而成的，是相对薄的形体。在三维形态的造型中，"线"与"面"有着很重要的作用，面材具有阻隔、遮挡和分割的作用。随着材料的开发，面材已成为主要的造型材料，大尺寸的平板玻璃、各种塑料、品种丰富的纸材和布料、厚实的多层板、铝及铝合金等轻金属板材的开发也日益发达。由于加工技术的发达，现在人们不仅能轻易地将面材弯曲成曲面或钻孔，而且可以将塑料板或铁板等面材加工成型，使其成为复杂的曲面立体。线过渡到面，可采用材质过渡及排列、组合等方式。

　　面材通过压曲、折曲、弯曲等方式进行加工处理，如图5-21所示，可以实现非常丰富的效果。

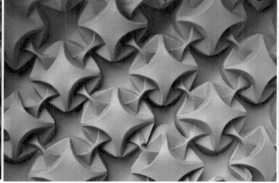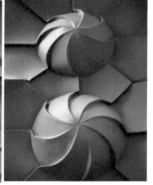

图5-21　纸张的丰富效果

一、面立体形态的种类

面的二维与三维特征并不是绝对的，面可以是二维的，也可以是三维的。面可以是线移动的轨迹，或者是线围合起来的界面。面三维空间造型是具有长、宽两度空间素材所构成的立体形态。

🌀 **拓展阅读**

面材的三维空间造型多为板材的组合构成。面材所表现的形态特征，具有平薄和扩延感。用面材构成的空间立体造型，较线材有更大的灵活性，其功能也较线材更强。在二维空间的基础上，增加一个深度空间，便可形成三维空间的立体造型。面构成具有一定的扩张感，面材比线材更具有灵活性、功能性和可塑性，应用非常广泛。

面立体的面材按照透明程度、材质等可以分为以下几类。

（1）纸质材料。纸质材料是在三维空间造型中应用非常广泛的材料，除了在学生进行三维空间造型作业时需要运用之外，在包装、书籍装帧等方面（见图5-22），应用也是非常广泛的。

图 5-22　纸材料在包装、书籍装帧中的应用

（2）布质材料。布质材料按照本身的特殊性，往往多应用于服装设计中，运用压衬、做褶等方法，使服装设计具有立体的美感，如图5-23所示。

（3）玻璃材料。玻璃材料在建筑行业中运用较为广泛。因为其加工起来比较有难度，因此在一般的学生作业中很少出现。玻璃广泛应用于现代建筑中，如图5-24所示。

（4）塑料、金属材料。塑料、金属材料在产品工业设计中的运用非常广泛，如图5-25所示。

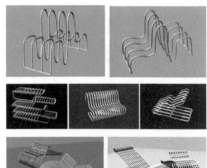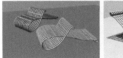

图 5-23　婚纱设计　　图 5-24　玻璃广泛应用于现代建筑中　图 5-25　金属材料广泛应用于产品工业设计中

二、面立体形态的构成方法

面材是一种平面素材，面的形态元素在几何学中是线的移动的形态，也是由块体切割后而形成的。面的感觉虽薄，但它可以在平面的基础上形成半立体浮雕感的空间层次，如果通过卷曲伸延，还可以成为空间的立体造型。如何将平面素材转为三维立体空间，是我们在学习的过程中需要掌握的。

首先，学习单面体的构成。

拓展阅读

单面体的构成是指单元面通过平行排列、重复排列等，产生比较简单的单元面构筑成十分复杂的立体形态。

单体面构成包括折板构造、插接构造、层面排列构造、壳体构造等多种形式。

（1）折板构造是指将面材通过单折、重复折等方法构成的一种具有空间效果的立体造型。造型的方法可以分为直线重复折和直线反复折，如图5-26所示。

（2）插接构造是指将面材预留缝隙，利用插口进行连接，以此形成立体形态。具体可以分为：几何单元形立体插接，即以单元插接的形式为主，关键在于变化和处理插接面形；自由形插接，即用两个或两个以上的自由面进行插接。两者的相同点在于，在设计的过程中，不仅要考虑造型，还要考虑插接组合的位置，如图5-27所示。

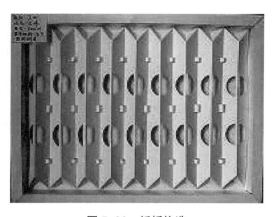

图5-26　折板构造

图5-27　积木的自由拼接

（3）层面排列构造是指将若干面材按照水平或垂直的方向进行有秩序的排列。这种构造技能表现出造型的有序，又能表现出造型的活泼，如图5-28所示。

（4）壳体构造是指利用面材的折叠和弯曲使面材成为球形壳体。球形壳体是用将弧纸经折叠后产生舒畅的富有变化的面和棱线，使之成为球形的造型，如图5-29所示。

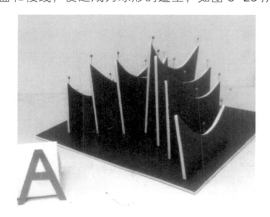

图5-28　KT板面材水平排列三维空间造型作品

图5-29　金属壳体构造（莫莉·波奔尼作品）

其次，几何多面体的构成。

几何多面体的特征是面数越多，越接近球体，如图 5-30 所示。它包括正四面体、正六面体、正八面体、正十二面体、正二十四面体等，除此之外还包括等边十四面体（包括正方形 6 个、正三角形 8 个）、等边二十六面体（正三角形 8 个、正方形 18 个）等。

 经典案例

国家大剧院的壳体造型

背景介绍：

国家大剧院是北京重要地标建筑之一。它是由法国建筑师保罗·安德鲁设计的。

国家大剧院中心建筑为半椭球形钢结构壳体，东西长轴 212.2 米，南北短轴 143.64 米，高 46.68 米，地下最深 32.50 米，周长达 600 余米。整个壳体风格简约大气，其表面由 18000 多块钛金属板和 1200 余块超白透明玻璃共同组成，两种材质经巧妙拼接呈现出唯美的曲线，营造出舞台帷幕徐徐拉开的视觉效果。

椭球壳体外环绕人工湖，湖面面积达 3.55 万平方米，各种通道和入口都设在水面下。行人需从一条 80 米长的水下通道进入演出大厅。这座"城市中的剧院、剧院中的城市"以一颗献给新世纪的超越想象的"湖中明珠"悄然亮相，如图 5-31 所示。

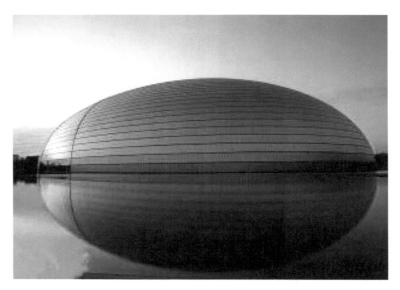

图 5-30　面数越多，几何形体越接近球体　　　　　　　　图 5-31　国家大剧院

设计师保罗·安德鲁在接受采访时说："中国国家大剧院要表达的，就是内在的活力与外部宁静相统一的生机。一个简单的'蛋壳'，里面孕育着生命，这是我的设计灵魂：外壳、生命和开放。"可见，国家大剧院的特征为"外部宁静，内部充满活力"。

分析：

如图 5-31 所示，国家大剧院这座独特的建筑，以它的生命与活力，展示着艺术殿堂的蓬勃发展。保罗·安德鲁在设计时，遵循了将自然园林引入城市的思路，整体与大剧院的主体建筑保持协调一致，体现了隐、显、密、疏之间的适度结合，融入了复层、群落等景观设计理念。宁静清澈的湖面和静谧宏大的椭球壳体下，笼罩着充满无限生机与活力的五彩斑斓的艺术世界。它既是人们追求艺术的最高境界，也是充满人文精神的艺术殿堂。

远观国家大剧院，让人觉得优美、高雅，球形的结构配合周围的环境景物，增强了立体感。

第三节
体块立体形态的构成方法

体块的三维空间造型是指使用木材、金属、泥土、塑料等体块材料制作空间形态。这种体块既可以是实心块也可以是空心块。在三维空间造型中，体块可以分为单体和单体组合两大类。

一、单体与单体组合的立体空间构成

体块的单体是指具有长、宽、高的三维空间实体，体块可以给人厚重、稳定的感觉。单体集合的方法比较常用的是利用有规律的几何体集合，把相同或相似的块材用集合手段组合起来，在位置、数量或方向上进行调整，或进行重复排列、渐变排列及对比排列等，可产生节奏感和韵律感。这种方法是现代造型设计的一大特色。在人为造型当中，有许多形似砖块的几何形体，这是构筑较大造型时所必要的形体。此外，在感觉上或生理上给人以舒适感的有机形态，也被广泛地应用于工业设计中。如梅田翰博（日）的立体分割作品（见图5-32），就是正方体变化较为丰富的动物造型。

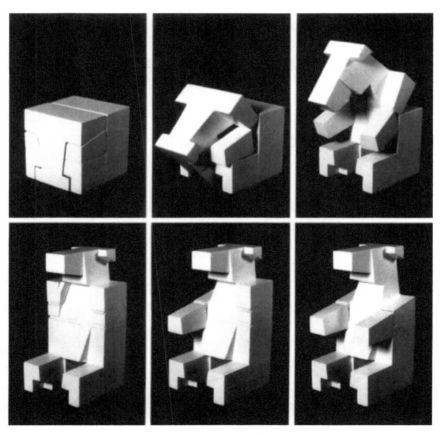

图 5-32 源于正方体的动物形态［梅田翰博（日）］

著名画家塞尚曾说，自然界中的物象都可以简化为基本形体。基本形体包括球体、立方体、圆柱体、圆锥体等。以正方体为例，对其进行分割，由于等分的方法不同，产生的形态也不同。这就需要打破固有的形态，寻求形体的变化，最终产生强烈的立体造型美感。

知识链接

块的分割可以采用等分块、比例错位、曲线分割等方法。当然，不管采取哪种方式进行截取，都要提前设计和计划，使体块的分割合理化。

对相同单体的组合而创造的三维空间造型设计，需要通过位置的变化、数量的变化、方向的变化使三维空间造型具有美感，如图 5-33 所示的玻璃砖墙。

对不同的单体组合构成，需要将大小、形状进行分析，通过形式法则进行组合。组合出来的三维空间造型其造型富于变化，有较强的张力和视觉冲击力，如图 5-34 所示的埃及金字塔。

图 5-33　seves glassblock 玻璃砖墙　　　　图 5-34　埃及金字塔

经典案例

"朝鲜巨济岛酒店"案例赏析

背景介绍：

如图 5-35 所示，这座独特的宛如体块堆积的空间是由当地设计事务所 AND 设计的酒店。它位于朝鲜巨济岛，坐落在岛屿上，面对大海。酒店中的五套客房中，每个房间都设置了由混凝土剪力墙支撑的悬挑室外阳台。这座建筑在很多方面都成为大海与岛屿之间的联系纽带。

分析：

如图 5-35 所示，这些悬挑的阳台就像是手指一样，指向周围不同方向的岛屿。每个单元都享有独特而无碍的视野以及特征，同时又可以作为独立完整的居住空间。酒店周围的景观中和游泳池边设置了小咖啡厅，用于欢迎来宾并且将他们引入室内楼梯间。

图 5-35　朝鲜巨济岛酒店

二、体块形体的立体组合构成

不同的切割法造就不同的立体形态要素，不同的结构具有不同的功能和美学特征。

（1）积聚组合：积聚是两个单元以上的形体在形体切割之后进行重新组合从而形成新的形态。这两个单元以上的形体可以是相同的，也可以是类似的、渐变的，总之，方法较为自由。

 知识链接

积聚组合中形可以是不同材质、不同形状的综合构成。

（2）排列组合：排列组合是指将相同或不同的单体进行排列组合。不同的单体组合可以是大小不同的，也可以是形状不同的组合，也可以是由方至圆或者由直至曲的渐变组合。当然，在渐变排列中，应该注意实体与空间的空间位置变化。

 经典案例

巴黎的"淡水工厂"案例赏析

背景介绍：

2010 年摩天大厦设计竞赛的作品"淡水工厂"是由法国巴黎 Design Crew for Architecture 设计公司（简称 DCA）参与设计的。这个设计是满足农业需求的一个新方案，是一座能生产淡水的摩天大厦工厂。这座具有特殊意义的摩天大厦工厂是由多个圆球体块积聚而成的，从三维空间造型的角度看，这座大厦将多个大小不一但不乏秩序感的体块堆积到一起，使整座大厦在外观上具有强烈的视觉冲击力，如图 5-36 所示。

  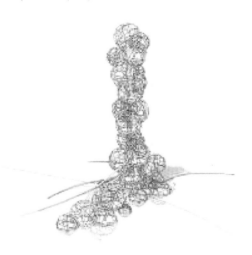

（a）"淡水工厂"远观图　　　（b）"淡水工厂"局部图　　　（c）"淡水工厂"效果透视图

图 5-36 "淡水工厂"

分析：

如图 5-25 所示，大厦由多个圆形水容器组成，水容器中装微咸水。这些水容器都安装在球形温室之中，使用潮汐能水泵。微咸水被抽入到大厦之中，水管网是大厦的主要结构部分。水容器中种植了红树林，这些植物可以在咸水中生长，并从树叶中分泌出淡水。白天，这些分泌出来的淡水迅速蒸发，到了晚上又冷凝在建筑温室的塑料墙壁上，最终流入淡水收集箱中。由于大厦本身的高度，收集的淡水可以利用重力分散给附近地区使用。大厦的表面积为一公顷，每公顷的红树林每天能生产 3 万升水，也就是说，大厦每天能灌溉一公顷大的西红柿田野。

综合案例解析：琶洲会议展览中心

方案设计说明：

占陆地面积 9.66 平方公里的琶洲国际会展中心位于赤岗琶洲岛，北临珠江，与珠江新城、广州新技术产业开发区、赤岗领事馆区、长洲文化旅游风景区等城市重要发展区相邻。琶洲国际会展中心的建立标志着国际化的展览新纪元。建立目标以会展博览中心为核心，以会展博览、国际商务、信息交流、高新技术研发、旅游服务为主导，同时兼具高品质居住生活功能的 RBD（休闲商务区）型和生态型城市副中心。建筑总面积达到了 70 万平方米，首期占地 43 万平方米，建筑面积 39.5 万平方米，已建好 16 个展厅，其中室内展厅面积 16 万平方米，室外展场面积 2.2 万平方米，主要以展览、展示、表演和大型集会为主要使用功能，是目前亚洲最大的会展中心。

图 5-37　琶洲会议展览中心

分析：

如图 5-37 所示，会展中心的外形，从高处俯瞰，如一朵白云在江畔飘动；而从东面侧看，则似一条奋起跃上珠江南岸的鲤鱼。这一设计出自于日本设计机构佐藤公司，建筑形态富有时代感和标志性。会展中心的设计理念来自珠江的"飘"，波浪般起伏的屋顶使它宛若自珠江飘扬而至。这种理念与广东奥林匹克体育中心的设计有些相似。

琶洲展馆是高科技、智能化、生态化完美结合的现代化建筑，按照国家 5A 智能化建筑标准进行设计，在建设中大量应用国际高新科技，智能、通风、交通系统，体现了世界先进水平。层高、地面负荷、电力供应可满足大型机械展、帆船展等各种对展馆条件要求苛刻展览的要求。单个展厅面积均在 1 万平方米左右，且各馆门面设计合理，一、二层的十三个展厅各有开阔的门面，多个展览可同时举办，互不干扰。展厅无柱空间大，利用率高，特装效果特别好。整座建筑线、面、体块结合在一起，使之形成不可分割的部分，体现出建筑的灵魂所在。

本章小结

三维空间造型作为传统基础课程，基本上遵循创始人阿尔伯斯的教学理论，即不考虑任何其他材料，通过纸来研究立体的造型和空间关系。但随着时代的发展，观念在不断更新，对三维空间造型的教学要求也发生了深刻的变化。这就需要在教学当中不断地创新与发展，使学生在学习这门课程后能对设计的观念有所扩展和深入，提高对美的认识，用一种空间的、视觉的综合思想去看待设计，创造更美的视觉环境。

教学检测

一、填空题

1. 线是以 _____ 为特征的型材，具有方向性。线大体分为 _____、_____ 和折线。

2. 面是以长宽为形态特征的，具有 _____、_____ 的感觉，具有分割空间的作用。

3. 体块的单体是指具有 _____、_____、_____ 的三维空间实体，体块可以给人厚重、稳定的感觉。

二、选择题

1. 以下不属于软质线材的是（　　）。

A. 棉线　　　　　　B. 安丝线　　　　　　C. 铁丝　　　　　　D. 电线

2. 面材的三维空间造型多为板材的组合构成，面构成具有一定的扩张感，面材比线材更具有灵活性、功能性和（　　）。

A. 可塑性　　　　　　B. 立体型　　　　　　C. 美观性　　　　　　D. 实用性

3. 以下不属于块的分割方法的是 (　　)。

A. 等分块　　　　　　　B. 比例错位　　　　　　C. 曲线分割　　　　　　D. 黄金分割

三、问答题

1. 以近两年某几件优秀的建筑设计为例，从三维空间造型的角度分析作者的构思及建筑的美学特征。

2. 简述线、面、体块的构成方法及构成分类。

 答案

一、填空题

1. 长度单位、直线、曲线

2. 延展、平薄

3. 长、宽、高

二、选择题

1. C

2. A

3. D

三、问答题

略

第六章

三维空间造型的肌理与材质

SANWEI KONGJIAN ZAOXING DE JILI YU CAIZHI

■ 学习目标 ▮

1. 了解三维空间造型的肌理与材质。

2. 了解三维空间造型的材料的分类及特征。

3. 了解材料对三维空间造型的重要作用。

■ 技能要点 ▮

了解三维空间造型的肌理和材质，学会区分自然材料和人工材料。

📑 案例导入

陶　瓷

背景介绍：

材料就其自身审美特性来说，不进入审美客体，但作为具有审美意义的一个要素，它又是审美客体必不可少的技术要素。建筑房屋需要材料，缝纫衣服需要材料，雕塑艺术需要材料，"巧妇难为无米之炊"，任何艺术家在进行艺术创作的过程中都需要材料，可见材料对于三维空间造型呈现的重要作用。而材料还需要通过肌理与材质表现，如图 6-1 所示的陶瓷艺术品，设计者用土制材料烧制，然后染色，经过精心的制作，使得成品可以呈现出清晰的纹理。

分析：

如图 6-1 所示的作品是在高岭国际艺术陶瓷大赛中获得提名奖的陶瓷《Blue》，该作品有着精美的造型和恬静的肌理，色彩的使用、纹理的造型、材料的选择都为这几件精美的艺术品添色不少。这几件作品的恬静与自然都能给欣赏它们的人留下深刻的印象。

图 6-1　陶瓷

第一节
三维空间造型的肌理与材质概述

关于培养三维空间造型的肌理感，我们已经学习了。我们已经了解，培养肌理感是培养三维空间造型感觉的重要方面。那么，肌理与材质在三维空间造型创作中的重要性也逐渐凸显。

一、三维空间造型的肌理与材质的内容

在前面的学习中，我们了解到肌理常指物体表面的感觉与形态，属于视觉与触觉的范畴。按照其不同的形成

过程可以分为自然生成的自然肌理和人工肌理。如图 6-2 所示的陶瓷村中，人们用瓷罐堆建成的"瓷罐墙"，这面墙就有着非常强烈的视觉效果和令人过目难忘的人工肌理。

 知识链接

肌理具有两方面的含义：一是指材料本身的自然纹理及人工制造过程中产生的工艺肌理，这两种肌理都使材质增加了装饰美的效果；二是指构成环境的各要素之间形成的视觉关系，不同的肌理具有不同的视觉感受。

所谓材质是指材料的组成及性质。如木材、玻璃、泥土等材料，不同的材料具有不同的特性，各种材料有不同的物理、化学属性，如密度、弹性、硬度等。如图 6-3 所示是国外艺术家创作的水果浮雕，由水果组成的人物浮雕可以说是非常新颖。

图 6-2　瓷罐堆建成的"瓷罐墙"

图 6-3　水果做的人物浮雕

二、三维空间造型的选材原则

三维空间造型是以视觉为基础、以力学为依据，将构成要素按照形式美法则，选取适当的材料组成的立体形态。包豪斯艺术学院曾经提出三维空间造型的三个原则。

（1）艺术与技术的结合。

艺术与技术相互缠绕，既交融互补，又不无龃龉矛盾的复杂关系，构成了绘画与文学等意识形态中的与其他表现形式不尽相同的本体特征。艺术的本质，或曰艺术的最大特点在创造，因此凡属真正的艺术，必有体温，必带有作者的主体特征，打上作者的个性烙印，具有不可重复性和不可模仿性。技术的本质，或曰技术的最大特点在取用，具有确定性和可操作性，不但可以重复，而且必须重复；不但可以模仿，而且必需模仿。技术可以使人惊叹，而艺术才能使人回味；技术能够赢得赞赏，而艺术能够经受咀嚼；技术具有短暂的冲击力，而艺术具有持久的感染力。但是，欣赏艺术是需要一定认知能力的，没有认知能力，便会产生隔膜和障碍，而技术就是消除这种隔膜和障碍，使人们获得艺术认知能力的桥梁。

如图 6-4 所示是安娜吉尔启瓶器。它是意大利著名后现代主义设计师亚历山大德罗·门蒂尼的设计。它用人体的头、身体、臂膀之间的关节对应产品结构，利用转轴转动该活动机构来实现产品外形结构的变化，从而实现产品的使用功能，可说是艺术与技术的完美结合。

（2）设计是为了人而设计的，而不是产品。

任何设计、任何产品都不能脱离"人"这个主体，一切要以人为本。一个产品之所以存在，必定是因为它有存在的价值，而这个价值就体现在人的需求上，或者说是人类的需求上，人的需求包括精神需求和物质需求。设计的来源和设计的目的本质上是有一致性的，设计来源于人，也要回归于人。优秀的设计必定是有内涵的设计，好的产品绝对不会是虚有其表的。如图 6-5 所示的包装设计，其鲜艳的色彩能够让消费者感到欢

图 6-4　安娜吉尔启瓶器

快，独特的"开窗设计"也会让消费者觉得富有创意。

（3）设计要遵循自然和客观规律。

先秦的《考工记》（见图6-6）中提到："天有时，地有气，材有美，工有巧，合此四者然后可以为良。"这句话在今天，不管是三维空间造型的基础性学习，还是今后的设计相关的专业课学习中，都依旧是一句准则。这句话强调时间、空间、材料、构思。所谓时间，是指在设计的过程中要适应时代的需求；所谓空间，是指所设计的产品要适应当时的环境；所谓材料，是指在设计的过程中要充分发挥材料的重要性。以上三者统一之后，设计者就应充分发挥其主观能动性，创造出好的作品。

图6-5　能够让消费者愉悦的饼干包装设计

图6-6　先秦的《考工记》

《考工记》的这段话提到了"材有美"，可见材料对于各种造型艺术的重要性。它影响着造型艺术内涵的表达。材料的种类与质量也影响着艺术作品价值的形成，因此，根据三维空间造型的审美需求、艺术需求及实用性，选择好的材料是至关重要的。

知识链接

在现代三维空间造型中，将科学技术与艺术形式完美地统一在一起的方法就是将艺术作品的造型美和材质美相统一，这样才能充分体现三维空间造型艺术的美感，实现设计的创新。

那么，应该如何对三维空间造型进行选材呢？

首先，应该准确地把握材质的审美特性。把握审美特性，是要求设计师即将对设计产品实施之前，经过充分构思，清楚自己想要呈现的效果之后，对材质的审美特性进行有效的判断。

图6-7　各种材料制作的三维空间造型作品

其次，在设计的过程中应该保持材质的固有的形体特征（见图6-7）。

三、三维空间造型的材料要素与视觉感受

人类造物离不开材料，而设计是人类造物的活动。正是材料的发现、发明和使用，才使人类与自然相融合。现代科技的发展，扩大了材料的领域。工业产品是时代的产物，映射了一个时代的文化、经济和生活方式，更体现了新材料、新技术和新工艺的发展水平。从设计的角度来讲，对材料开发和利用的过程，既是对物质世界的认识过程，又是对人类自身的完善和提升过程。不同材料具有不同的性能特性，同样，产品因材料不同而产生不同的视觉肌理，给人以不同的视觉效果及心理感受。不同的材料加工工艺和成型工艺，也会改变产品的形态及使用方式。材料是三维空间造型的基本要素，是造型艺术表达不可缺少的媒介，是三维空间造型的物质基础。材料直接限制了三维空

间造型的形态塑造，决定了三维空间造型的形态、色彩和肌理等很多方面。如材料的软与硬，会影响三维空间造型形态的最终呈现。

知识链接

物质材料的视觉功能和触觉功能是艺术表达中重要的组成部分，它赋予了材料肌理不同的心理效应，比如粗糙与细腻、冰冷与温暖、温柔与坚硬、干燥与湿润、轻快与笨重、鲜活与老化等。

不同的材料因外观不同会产生不同的视觉效果和心理感受。如泥土会给人原始、质朴、笨拙的感觉；石材会给人厚重、粗犷的感觉；纤维会给人柔和、舒适的感觉。即使同一形态，不同的材料也会产生不同的心理感受。如：同是面材，金属板使人感觉冰冷、坚硬；玻璃板使人觉得透明、易脆；木板让人感到温暖、舒适；塑料板让人感到柔韧、时髦。表面光洁而细腻的肌理让人觉得华丽、薄脆；表面平滑而无光的肌理给人以含蓄、安宁的感觉；表面粗糙而有光的肌理让人感觉既沉重又生动；表面粗糙而无光的肌理，给人感觉朴实、厚重（见图6-8）。

造型材料是构成艺术的物质基础。材料作为设计的表现主体，除具有材料的功能特性外，还具有其特有的质感特征，其本身隐含着与人类心理对应的情感信息，体现出不同的材质美感。认识、感悟并掌握材料的材质特性，赋予造型材料以生命，是艺术设计的重要原则。材料的使用重点不在于对物质原有的形的利用，而在于使物体的表面状态让人通过视觉和触觉产生美感。也就是说，对材质感的理解和使材料构成有生命力的造型是材料在三维空间造型中的运用重点。为了实现这一目的，除了要研究材料本身的特性之外，还要研究材料的加工手段和方法，从而使材料在三维空间造型中发挥更好的效果。

图6-8　各种材料所产生不同的视觉效果

经典案例

糖　雕　塑

背景介绍：

如图6-9所示，这一组惟妙惟肖的女性雕塑出自于约瑟夫·马尔之手。他使用的材料是生活中无处不在的糖，糖雕塑所表现出来的柔美与女性的柔美相得益彰，可见，这组作品的材料的选择非常成功。

图6-9　糖雕塑

分析:

如图 6-9 所示,设计师约瑟夫·马尔利用糖雕塑的女性形象,在灯光的照射下显得晶莹剔透,同时表现出了女性甜美、可爱的特点。设计师用生活中随处可见的糖作为雕塑材料,增加了糖果的趣味性和可塑性。可见日常生活中的各种材料都有可能成为艺术的原料,设计者要细心观察并发现,深入思考。

第二节
三维空间造型的自然材料

自然材料是指自然界中天然形成的造型材料。随着科技的发展和人们对材料要求的不断提高,各类新型人工材料出现在人们的生活中。然而,人们对自然的向往从没有减退,自然材料的原始与质朴感染着人们的内心,给人舒适、亲切的感受。在三维空间造型实践中,选择使用"材料"有两种方式:一是先完成造型计划,然后再选择符合造型目的的材料;二是先从材料的特性入手,透过其造型的可能性完成立体的塑造。当前,后一种方式比较常用,因此,平时就必须多了解各种材料的性质及特征,具备有关材料的知识,并学习如何应用到造型上。同时,由于加工手段决定造型的样式,对加工手段的研究也相当重要。如何开发新的材料及新的加工手段也是创新的前提。在创作中,通过改变素材,往往能唤起新的创意,带来新鲜的感觉。在三维空间造型领域,材料起着非常重要的作用。

一、石材

石材也称石料,既受到车辆荷载的复杂力系作用,又受到各种复杂的自然因素的恶劣影响,所以,用于修建与桥梁的材料不仅要具备有一定的力学性能,而且要有在恶劣的自然因素的作用下不产生明显强度下降的耐久性,属于粗糙的天然材料,具有淳朴的表现力。石料由于成因、组成成分的不同,会有色彩、质地、强度的不同。总体来说,石材给人坚硬、沉重、冰冷的感觉。

知识链接

在三维空间造型中,石材的运用也非常广泛,雕塑、建筑、装饰等方面都会运用到石材。

雕塑、纪念碑等都属于可承受机械荷载的全石材建筑;地面、柱子等属于部分承重机械荷载;墙面的装饰用料属于不能承受机械荷载的石材,如图 6-10 所示。

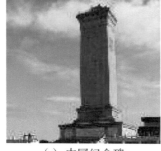

(a) 中国纪念碑   (b) 埃及石柱   (c) 雅典赫菲斯托斯神庙

图 6-10 不同建筑

部分天然的原石具有很高的审美价值，如图 6-11 所示的水晶石。有些原石经过加工，也会有很高的审美价值，如玉石。石材的加工手段不同，所产生的视觉感受也不同。经过敲凿的石材有粗犷、浑厚的感觉；打磨后的石材有精细、光洁的感觉。

图 6-11　具有观赏价值的水晶原石

 经典案例

康斯坦丁·布朗库西的雕塑

背景介绍：

康斯坦丁·布朗库西是罗马尼亚的雕刻家。他早年在罗马尼亚接受教育训练，1904 年移居巴黎后，作品逐渐显露其个人的风格特点。其石雕及金属雕作品，如《吻》（1908）、《睡着的缪斯》（1910）和一组题为《麦厄斯特拉》（1912—1940）的变体雕刻，表现出作者对简洁的抽象美的探求。其木雕作品如《巨子》（1915）等却深受非洲艺术的影响，运用错综复杂的棱角，常以神话或宗教为主题。康斯坦丁·布朗库西用不同的材质进行创作，并赋予作品不同的寓意，使它们成为传世经典，如图 6-12 所示。

分析：

如图 6-12 所示的三个雕塑艺术品，全部都是康斯坦丁·布朗库西的作品。他用简化的造型进行雕塑，用不同的材质进行创作，流线型的造型简洁凝练，加之材料本身光滑明亮的特质，使这组作品富有张力和灵动感，赋予观众以无限的想象空间。追求表现形式的内在精神与形式和材料的完美统一，正是布朗库西艺术最主要的意义所在。

图 6-12　康斯坦丁·布朗库西的作品

 拓展阅读

康斯坦丁·布朗库西（Constantin Brancusi），1876 年出生于罗马尼亚霍比塔的农民家庭，1957 年逝世于巴黎，长期居住在法国。在 1913 年左右，他曾受立体派和黑人雕刻的影响，开始制作简化造型的雕刻。他只选择少许主题，以不同材质去创作。他被公认是 20 世纪最具原创性的重要雕塑家。

二、木材

木材是较容易加工的材料。它同石材、金属等其他材料相比，具有质地柔软、体轻等较易加工的性质，其拉伸强度比铁大三倍。不过，由于木材是有机体，因此其有扭曲、干裂、易变形的缺点，而且木材的种类及生产环境不同，其性质也有差异，可以说，世上没有两块完全相同的木材，如图 6-13 所示。

采用木材作为材料时，重要的是造型应适应木材的特性。木材非常广泛地存在于生活和大自然中，与生活密切相关，具有可再生性、吸湿性和强度。使用木材制作的立体空间构成能够给人温和、轻快的感觉，如图 6-14 所示。

图 6-13　木质材料的有机形态

图 6-14　木板搭建的艺术品

木材的种类很多，不同的木材物理特性相差较大，给人的感受也不同。木材常分为木材、竹材、藤条、芦苇等。在三维空间造型中，理想的木质材料是木节少、纹理平直、成本低廉，比较容易加工和利于造型，如：椴木、云杉、白松、杨树等，如图 6-15 至图 6-18 所示。

图 6-15　椴木

图 6-16　云杉

图 6-17　白松

图 6-18　杨树

✈ 知识链接

木材的加工方法有很多，锯割、刨削、接合、弯曲和雕刻是主要的切割方法，如图 6-19 所示。

三、泥土

泥土多在雕塑、陶器、瓷器中见到，是常用的三维空间造型材料。泥土分多种，包括黏土、瓷土（见图

6-20)、雕塑泥土、橡皮泥等。

黏土具有可塑性好、易于成型的特点，在民间的泥塑中应用广泛，可以对其进行彩色装饰。

瓷土又称高岭土，是烧制陶瓷的主要原材料。另外，还有石英长石也是烧制陶瓷的主要原料。陶瓷造型制作有着悠久的历史，在传统的陶瓷制作加工流程中多为：成型（泥条盘筑成型、泥板成型、拉胚成型）→施釉→烧成→装饰（装饰在施釉前为釉下装饰，在烧成后为釉上装饰）→烤花→成品。

雕塑泥土多指深层的黄泥，可塑性强。

橡皮泥是类似陶泥的人工材料，较为常见，易购买，可塑性极强，加工方便，随着工艺的发展，也较为安全，如图 6-21 和图 6-22 所示。

图 6-19　木材加工厂

图 6-20　陶瓷壶

图 6-21　砖块形橡皮泥

图 6-22　颜色鲜艳的橡皮泥造型

在现代陶艺设计中，更多地融入了三维空间造型的现代设计理念。三维空间造型理念使现代陶艺设计在材料选择、制作手法上都得到更大限度的拓展。

经典案例

泥人张彩塑

背景介绍：

泥人张彩塑，是指天津艺人张明山于 19 世纪中叶创造的彩绘泥塑艺术品。泥人张彩塑可以说是天津的一绝，"泥人张"在清代乾隆、嘉庆年间名气已经很大。使天津泥人大放异彩、成为民族艺术奇葩的，是"泥人张"的彩塑。它把传统的捏泥人提高到圆塑艺术的水平，又装饰以色彩、道具、形成了独特的风格。

泥人张彩塑创作题材广泛，或反映民间习俗，或取材于民间故事、舞台戏剧，或直接取材于《水浒》《红楼梦》《三国演义》等古典文学名著。所塑作品不仅形似，而且以形写神，达到神形兼具的境地。

分析：

泥人张最精彩的作品是《钟馗嫁妹》，如图 6-23 所示。这套作品共有 29 个塑像，人物动作、性格、表情各不相同，是一套不可多得的艺术珍品。泥人张彩塑用色简雅明快，用料讲究，所捏的泥人历经久远，不燥不裂，栩栩如生，在国际上享有盛誉。泥人张善塑肖像，还曾给不少名人塑过像，藏于艺术博物馆。

图 6-23　泥人张彩塑

N

第三节
三维空间造型的工业材料

工业材料也可以称为人工材料，是经过人类的加工和提炼所产生的。在漫长的人类发展历史中，人类在不断地寻找、发现、生产着人工材料，如青铜、铁等。随着高科技的发展，工业材料越来越多。

拓展阅读
在三维空间造型中常用的人工材料有金属、纸、玻璃、塑料等。

一、金属

远古时代以来，金属已经被广泛地应用在人类的生活中了。现在，对人类来说，金属仍然是重要的材料。这是因为金属具有许多比其他材料优越的特性，而且能够大量生产。在造型领域里，金属造型的形式最富变化，这是因为金属本身的种类繁多，加工技术多种多样。

金属的种类很多，各具不同特性。如物理特性：通常情况下，金属重量较重，可在高温中熔解，遇热膨胀，是电与热的良导体，有光泽；化学特性：可腐蚀；机械特性：耐拉伸、弯曲、剪切，具有延展性，通常较坚硬。金属材料的加工可分为塑性加工、铸造及焊接。金属材料通常制成线、棒、条、管、板、原坯等形状。基于不同的金属材料和加工技术，金属制品具有不同的造型特征，如图 6-24 和图 6-25 所示。

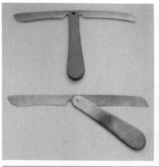

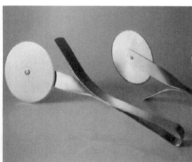

图 6-24　金属材料三维空间造型产品展示　　图 6-25　金属材料餐具设计

金属材料质地紧密、表面光滑，主要分为黑色金属（生铁、碳钢、合金钢等）、有色金属（重金属、稀有金属、贵金属等）、金属制复合材料（铝合金、碳合金、高温合金等）。在现代艺术设计中，钢、铁、合金成为主流材质。如图 6-26 所示是人们利用废旧金属做成的艺术品。

金属材料有以下特点：

（1）呈特有的光泽；

（2）良好的导电体和导热体；

（3）不透明可熔通常可锻；

（4）良好的延长性；

（5）有些材料容易氧化或腐蚀。

在艺术设计中，常见的金属材料有：

（1）铁，包括，铁板、扁铁、冷轧黑铁等；

（2）钢，包括角钢、工字钢、方钢、不锈钢等；

（3）铝；

（4）铜；

（5）其他金属，如弹簧、钢丝、桁架等。

图 6-26　废旧电路板创作的系列艺术品

🔵 **拓展阅读**

高温合金（见图 6-27）：属高科技材料，指在 760~1500 ℃及一定应力条件下长期工作的高温金属材料，具有优异的高温强度，良好的抗氧化和抗热腐蚀性能，良好的疲劳性能、断裂韧性等综合性能，已成为军民用燃气涡轮发动机热端部件不可替代的关键材料。

超塑性合金（见图 6-28）是一种很奇特的金属。在特定的温度下，这种金属会变得像糖一样柔软，并且有极强的延伸性能。超塑性是一种奇特的现象。具有超塑性的合金能像饴糖一样伸长 10 倍、20 倍甚至上百倍，既不出现缩颈，也不会断裂。

记忆合金（见图 6-29）：普通的金属材料在外力下变形，若变形超过金属弹性极限则为永久变形，无法恢复原形；而记忆金属的变形在超过极限后，只需加热，就可以恢复原形。因为记忆合金是一种原子排列很有规则、体积变为小于 0.5% 的马氏体相变合金。这种合金在外力作用下会产生变形，当把外力去掉，在一定的温度条件下，就能恢复原来的形状。由于它具有百万次以上的恢复功能，因此叫作"记忆合金"。当然它不可能像人类大脑思维记忆，更准确地说应该称之为"记忆形状的合金"。此外，记忆合金还具有无磁性、耐磨、耐蚀、无毒性的优点，因此应用十分广泛。科学家们现在已经发现了几十种不同记忆功能的合金，比如钛-镍合金，金-镉合金，铜-锌合金等。

防震合金：一种具有消音和防震功能的先进金属材料。用这种金属材料制造的机械零件可以自身直接削弱震源和噪音。

图 6-27　高温合金

图 6-28　超塑性合金

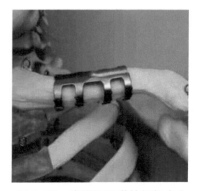

图 6-29　应用于医学的记忆合金

二、纸

纸是我国古代四大发明之一。纸的发明是人类文明史上一项举世瞩目的成就。纸在人们的生活中广泛使用，给人轻松、随和、便捷的心理感受。纸的种类很多，传统纸的分类主要是从原材料的角度来进行划分的，如麻纸、皮纸、竹纸（见图 6-30 至图 6-32）等。而现代纸张的生产加工先进，原材料丰富多样，纸的种类也变得更丰富了，单从使用状况就可分为工业用纸、生活用纸、文化用纸，还有专用于国防科研的纸。纸在人类的生活及文化领域中无所不在，并在设计造型领域广泛应用，如折扇、纸伞、灯笼、灯罩、风筝、折纸等纸制日用品及艺术品等。随着现代工业的发展，纸的品种越来越多，性能逐渐优良，加工手段、方法更是多种多样。

图 6-30 池州六尺麻纸　　　　　　　图 6-31 旧皮纸　　　　　　　　图 6-32 竹纸

例如：薄而坚硬的纸具有良好的保温性，自古以来便被用作制作各种衣服的材料。日本和纸具有柔和透光的效果，所以被用作拉门（见图 6-33）或灯笼的材料（见图 6-34）。由于纸质感柔软、价格低廉，因此成为生活中不可缺少的材料。

在造型领域，纸轻而平滑的表面最适合用作表现现代造型的轻快材料。纸容易加工，因此也被广泛用于各种造型与模型的制作（见图 6-35）。

图 6-33 日本纸拉门　　　　　　　图 6-34 日本纸灯笼　　　　　　图 6-35 火车头纸质模型

纸的造型不仅是一件艺术品，对设计领域来说，而且有极大的启发作用，如灯具、包装盒、建筑、服装和各种装饰模型的设计制作。纸是三维空间造型中最常见的面材料。由于纸具有可塑性好、易定型、切割方便等物理特性；同时，纸材料又具有种类繁多、价格便宜、对加工工具要求简单的特点，因此在三维空间造型中，纸是最简便、最基本的材料，也是最常用的材料。各种卡纸、手工纸、艺术纸和铜版纸，都是三维空间造型中常用的纸张。如图 6-36 所示为艺术家利用卫生纸做出的不同造型。

用纸材料做立体造型加工方便、快捷，通常的加工方法如下。

切割：通过切割破坏纸张完整性，通过不同位置的切割完成切割造型，并借助折叠、错位、别插等手法完成面材的伫立（见图 6-37）。

折叠：将纸张两端按照横轴或者竖轴对折，以完成纸张伫立形态，通常是在切割之后（见图 6-38）。

错位：在切割的基础上，移动所切割的部位，在纸张表面形成相互错位的形态（见图 6-39）。

翻转：通过切割和折叠，有些形态与原来的主题形态部分连接或者部分分离，通过折痕形成"翻转"形态（见图 6-40）。

图 6-36　土耳其艺术家 Sakir Gökçebag
　　　　的卫生纸艺术

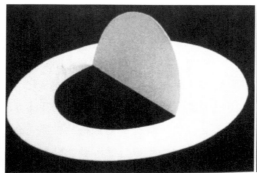
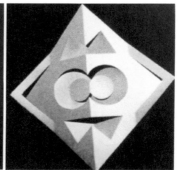

图 6-37　纸切割作品

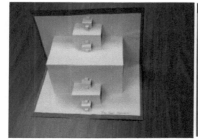
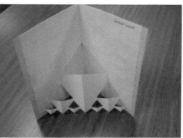

图 6-38　纸质贺卡

图 6-39　纸张错位作品

借位：通过切割、折叠、翻转之后，形态与原有形态形成虚实相间、正负共存的两个形态（见图 6-41）。

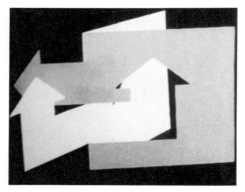

图 6-40　纸张翻转作品　　　　　　　　图 6-41　纸张借位作品

别插：两个面材形态之间的固定和支撑。

支撑：对一个面材形态的支撑（见图 6-42）。

图 6-42　纸张别插与支撑作品

三、玻璃

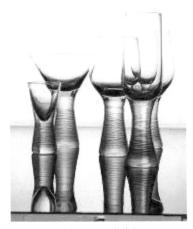

图 6-43　玻璃杯

　　玻璃，中国古代称之为琉璃、颇璃，近代也称为料，是指熔融物冷却凝固所得到的非晶态无机材料。在古埃及和美索不达米亚，玻璃早已为人们所熟悉。从历史的遗存可以发现，中国在三千多年前的西周，玻璃制造技术就达到了较高的水平。玻璃具有一系列独特的性质，透光性强，化学稳定性好。玻璃具有良好的加工性能，如可进行切、磨、钻等机械加工和化学处理等。制造玻璃所用原料在地壳中分布很广，而且价格便宜。今天，玻璃已经成为现代人们日常生活、生产发展、科学研究中不可缺少的一类产品，并且它的应用范围随着科学技术的发展和人民生活水平的不断提高还在日益扩大，尤其是在建筑、工业设计方面常常见到。如图 6-43 所示，玻璃杯是生活中常见的立体形态。在建筑设计方面，玻璃因采光性能好、降低噪音等功能常被运用。不同的玻璃具有不同的形态、厚度和功能。玻璃具有神秘、虚幻、透明的特性，玻璃还具有延伸空间的作用。

　　玻璃一般具有较强的硬度，而且易碎，呈现透明或半透明的物理特性。在常温下玻璃的可塑性和韧性都很差。因此，玻璃材料的加工一般是在融化状态下进行的。

拓展阅读

　　玻璃还可以加入化学染色剂，使其呈现出五颜六色的色彩，丰富玻璃的使用范围，如图 6-44 所示。

图 6-44　琉璃艺术品（摘自 Czeslav Zuber）

四、塑料

塑料是典型现代工业材料，20 世纪 50 年代后期被用于设计领域，当时使用的塑料以合成树脂或天然树脂为原料，经过高温成型。如图 6-45 所示，设计者用塑料做成的台灯造型，不同的色彩增强了台灯的观赏性，非常适合年轻朋友。

塑料的种类很多，从应用范围来分，分为通用塑料和工程塑料。工程塑料有软化点高、耐热、摩擦系数低、耐磨损，自润滑性、吸震性和消音性，耐油、耐弱酸、耐碱以及一般溶剂的物理特性，多用于工业产品制造。在三维空间造型设计制作中，目前使用较多的是 ABS 板（见图 6-46）和 PVC 管（见图 6-47）。

图 6-45　塑料吸管组成的台灯

图 6-46　白色 ABS 板

图 6-47　白色 PVC 排水管

综合案例解析：沙雕艺术

方案设计说明：

沙雕是人们喜爱的一种雕塑艺术。它作为现代艺术，已经与现代商业完美地结合在一起，一直与旅游业密不可分。沙雕因其广泛的参与性、娱乐性、大众性，每到一处，都为所在城市创造出新的旅游节目，带来可观的商业利益。

沙雕艺术遍布全球 100 多个国家和地区，尤其是在著名海滨城市。沙雕艺术的诞生，为滨海城市创造了全新的旅游节目，并成为最受人们欢迎的海洋旅游项目之一。例如，在荷兰等国还专门开辟了城市沙雕公园，定期更换主题，从而构成了独特的城市风景，吸引雕塑艺术家以及成千上万名的游客到此雕塑与欣赏艺术雕塑。在亚洲，日本、新加坡、中国也相继每年定期举办沙雕艺术大赛，赛式内涵更加丰富，艺术家将自己的思想融于作品之中，使之引起观赏者的共鸣。如图 6-48 和图 6-49 所示为不同的沙雕作品。

分析：

沙雕，简单地说就是把沙堆积并凝固起来，然后雕琢成各种各样的造型。沙雕是一种融雕塑、绘画、建筑、体育、娱乐于一体的边缘艺术。它通常通过堆、挖、雕、掏等手段将沙子塑成各种造型来供人观赏。

沙雕真正的魅力在于以纯粹自然的沙和水为材料，通过艺术家的创造呈现迷人的视觉奇观。沙雕艺术体现自然景观、自然美与艺术美的和谐统一，其体积的巨大是传统雕塑难以比拟的，具有强烈的视觉冲击力。

沙雕只能用沙和水为材料，雕塑过程中不允许使用任何化学黏合剂。作品完成以后，使用表面喷洒特制的胶水加固，在正常情况下一般可以保持几个月。由于沙雕会在一时间内自然消解，所以又被称为"速朽艺术"。因为无法长期保存，所以每个作品都是独一无二且不重复的，这也正是沙雕的魅力所在。如图 6-48 所示是一幅沙雕作品，画面中的巨龙盘踞在地面，栩栩如生。如图 6-49 所示是一幅古堡沙雕作品，设计师将城堡细节表现得淋漓尽致。

图 6-48　巨龙盘踞沙雕

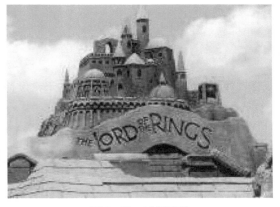

图 6-49　城堡沙雕

本章小结

我们生活在一个三维的世界中，而三维的世界中的大大小小的事物无一例外地由材料组成。本章主要了解材料，认识材料，并充分地利用材料设计作品。

教学检测

一、填空题

1. 肌理按照不同的形成过程可以分为自然生成的 ＿＿＿＿ 和 ＿＿＿＿。

2. 所谓材质是指材料的 ＿＿＿＿，如木材、玻璃、泥土等材料。不同的材料具有不同的特性，各种材料有不同的物理、化学的属性，如密度、弹性、硬度等。

3. 在三维空间造型中，石材的运用也非常广泛，＿＿＿＿、＿＿＿＿、＿＿＿＿ 等方面都会运用到石材。

二、选择题

1. 三维空间造型是以（　　）为基础、以力学为依据，将构成要素按照形式美法则，选取适当的材料组成的立体形态。

A. 视觉　　　　　　　　　B. 美感　　　　　　　　　C. 形式感　　　　　　　　　D. 立体感

2. 以下不属于三维空间造型的工业材料的是（　　）。

A. 金属　　　　　　　　　B. 泥土　　　　　　　　　C. 纸　　　　　　　　　D. 塑料

三、问答题

1. 在大自然和生活中寻找不同肌理的材料，并拍摄下来。

2. 简述各种材料的特征与用途。

3. 对石材进行搜集，并列举石材为人类做的贡献。

答案

一、填空题

1. 自然肌理、人工肌理

2. 组成及性质

3. 雕塑、建筑、装饰

二、选择题

1. A

2. B

三、问答题

略

第七章

三维空间造型在工业产品设计中的应用

SANWEI KONGJIANZAOXING ZAI GONGYE CHANPIN SHEJI ZHONG DE YINGYONG

学习目标

1. 了解三维空间造型与工业产品之间的关系。
2. 了解三维空间造型对工业产品设计的影响。

技能要点

了解三维空间造型、要素、工业产品设计、立体造型。

案例导入

自行车设计

构成是设计的前期了解阶段，构成的原理投射出很多设计的基础方法和基础规律，并且创新意识是设计与构成共同追求的。三维空间造型也称为空间构成。三维空间造型是以一定的材料、视觉为基础，以力学为依据，将造型要素按照一定的构成原则组合成美好的形体，是艺术设计的基础学科，也是工业产品设计的基础。生活中常见的一些简约的交通工具（如自行车）其实就是一些好的三维空间造型作品的直接运用。

分析：

工业产品设计不只应该做到外观精美，而且应该考虑消费者的购买意图。如图 7-1 所示，这款新型自行车外观造型新颖，明显地区别于其他自行车，而且折叠之后占地较小，可以很容易地放在后备箱中，使用方便。

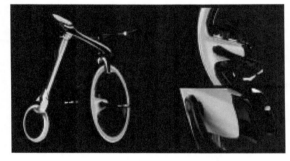 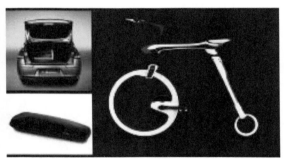

图 7-1　新型自行车的概念设计

第一节
三维空间造型与工业产品设计

三维空间造型是研究在三维立体空间中将立体造型的要素按照一定的原则组成具有美学意义的立体形态的学科。在三维空间造型中，任何元素都能被看成是点、线、面、体块的组合和分解。三维空间造型旨在培养良好的空间思维能力、造型创造能力和想象能力。

三维空间造型是现代设计的前提，为真正学习设计理论和从事设计工作提供准备工作。它是现代设计的重要组成部分。工业产品设计运用三维空间造型的原理，采用抽象的造型，通过对几何形体的重构和解构，使产品具有现代美感和体量感，使产品设计更加具有视觉美感，同时更能满足现代人的物质生活和精神生活的需求。如图

7-2 所示为 bodice rocker 躺椅，在垂直放置的时候，会呈现拟人化的雕塑形态。只要轻轻一碰，椅子就来回摇摆，然后在半空中停住，就好像在失重状态下一样，公然无视地球重力的作用。在这个状态下，椅子更接近于我们熟悉的躺椅形态。再推一下，它就倒在地上，使用者可以舒服地躺在上面。bodice rocker 躺椅还能根据人体工程学需要调整形态，以适应更高或更瘦小的人，尺度也能进行调整，可以适应不同大小的房间。

图 7-2　bodice rocker 躺椅

 经典案例

鲸鱼储蓄罐设计

背景介绍：

鲸鱼是自然界受保护的捕乳动物。随着人们的大肆采购，鲸鱼将会面临着灭绝的危险。为了更好地呼吁人类保护鲸鱼，从身边做起，从点滴做起，如图 7-3 所示，有的动物保护者设计出了鲸鱼储蓄罐。它既起到了宣传保护的作用，又有实用价值，受到了广大消费者的青睐。设计者将储蓄罐的外形设计为椭圆形，头部画出鲸鱼的眼睛与嘴巴，非常可爱。尾部类似鲸鱼的两片鱼尾，增强了灵动感，使商品充满活力。不同的色彩是为了满足不同的消费者，让他们有更多的选择。

图 7-3　鲸鱼储蓄罐设计

分析：

设计师如何拯救鲸鱼？那就从自己的本职专业开始吧！这款鲸鱼储蓄罐的设计就是很好的例子：拯救鲸鱼，让它的肚子填满硬币，以俏皮和装饰的方法来激励储蓄。明亮的颜色、可爱的造型、俏皮的小尾巴让人非常想要拥有。

谈到三维空间造型与工业产品设计，不得不提到德国包豪斯艺术学院。"三维空间造型"这门课程就是起源于 1919 年的德国包豪斯艺术学院。

拓展阅读

在现在看来，包豪斯理论的出现是历史的必然。它提出"艺术与技术"相结合的理念，提出设计需是艺术的、科学的、设计的、使用的，且方便工业流水线生产的。这一思想使包豪斯成为现代构成设计的发源地和培养现代设计师的摇篮。

经典案例

密斯的巴塞罗那椅

背景介绍：

1929 年，密斯设计了巴塞罗那国际博览会的德国馆以及巴塞罗那椅，使他成为当时世界上最受注目的现代设

图 7-4 密斯的巴塞罗那椅子

计师，1930 年他担任包豪斯第三任校长。著名的"巴塞罗那椅"（Barcelona Chair）是现代家具设计的经典之作，为多家博物馆收藏。

分析：

如图 7-4 所示，它由成弧形交叉状的不锈钢构架支撑真皮皮垫，非常优美而且功能化。两块长方形皮垫组成坐面（坐垫）及靠背。椅子当时是全手工磨制，外形美观，功能实用。巴塞罗那椅的设计在当时引起了轰动，地位类似于现在的概念产品。时至今日，巴塞罗那椅已经发展成一种创作风格。

无论是工业产品设计、建筑设计、服装设计或包装设计，各个形式都产生了不同的三维立体形态。形态的创造不是随意的、无目的的，应该是按照计划的，有科学法则可遵循的活动。包豪斯艺术学院院长沃尔特·格罗佩斯指出，每种不同的技术工艺，都会赋予产品独特的美感。包豪斯艺术学院的学生在学习的过程中除了要学习基础的设计课程之外，还要学会如何认识周围的一切。包豪斯艺术学院致力于教导学生如何设计出既符合标准又能表达设计者独立思想的物品，以及如何将产品的功能发挥到极致。

如图 7-5 所示，这座由不规则几何平面拼成的极简主义台灯，是由 Carrie Mills，Ryan Jung，Steve Puertas 和 Levi Prica 几名设计师共同合作完成的。简单的白色与原木色的结合，对底座的原木材料、灯体的聚碳酸酯材料的认识与运用都加强了这座台灯的特点，其不规则的外形极具现代感。

在造型的表现方面，包豪斯艺术学院主张一切作品都要尽量简化为最简单的几何图形。这种以几何形体构建的结构具有理性的逻辑思维，加上标准化的色彩，使人容易学习抽象造型，并掌握其规律、原理，进而通过不同的设计将其体现出来。如灯具、家具、染织品与建筑、广告等都有强烈的几何形式感，特别是建筑与工业设计，以追求简洁为时尚，更体现出构成的科学性、合理性。

如图 7-6 所示为极简设计风格挂钟。这款创意挂钟被称为 Freakish clock，是意大利工业设计师 Sabrina Fossi

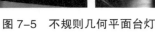
图 7-5 不规则几何平面台灯

图 7-6 极简主义风格的钟表

的作品。他将表盘完全设计成纯色，只扣掉一块三角形的区域，通过这个孔可以清晰地看到小时，而分针还是保留了传统的分针的方式，别出心裁的组合和创意令人耳目一新。

 经典案例

茶 树 茶 具

背景介绍：

设计来源于自然、生活。每一位设计师在设计作品时，有时灵感一触即发。当他们有了心灵的共鸣时，结合所学的知识，使之完美地融合在一起，造就出别出心裁的艺术作品。将这些作品分享给他人，共同来感受设计师的艺术创作。如图7-7和图7-8所示的茶树茶具，茶壶的底部与把手采用了木质颜色的材料，茶壶顶部的盖子也类似树枝，与树木遥相呼应。品茶、赏茶的情景与大自然联系在一起，两者之间产生了共鸣。茶壶身采用了透明的有机玻璃，呈现出清澈、透明的茶水。茶杯也采用了与茶壶相同的材质、结构。

分析：

如图7-7和图7-8所示，从大自然中获取灵感是现代设计的方法之一，更何况是从同类中获取灵感。设计师Wongyung Lee的这款茶具就是从茶树中获取的灵感，很有特色。整体看上去就像一株正在生长的茶树，原木色看着是那么的舒服。树枝可以当杯架，沏茶的时候把树枝拿走即可，既美观又方便。

图7-7　茶树茶具1

图7-8　茶树茶具2

拓展阅读

工业产品设计是科技与艺术的融合，在工业设计中，特别强调产品的功能性、审美性和经济性。随着时代的发展，工业产品设计被注入了精神与文化的内涵。

三维空间造型的学科目的就是为进行立体造型设计打基础。三维空间造型体现在工业产品设计中，抓住产品形态形式的原因及规律，在不同限定的条件下，对多种方案进行筛选和优化，创造并确立产品形态。

设计的本质是通过造型得以明确化、具体化的，通过艺术的形式、物化的方式完成设计的目的。造型与造物密切相关，造型是设计的基础。艺术设计的主要任务是利用一定的材料，使用相关的工具，通过相关的手段进行创造的过程。

现代工业产品的造型设计的目的旨在颠覆传统，利用常见的材料和工具设计出令人意想不到的产品。如图7-9至图7-11所示的大白鲨造型的超酷磨刀器是由创意工作室Propaganda设计的，血盆大口的大白鲨造型设计颠覆了传统的磨刀器或者磨刀石的造型，放于现代化的厨房中，不仅美观富有创意，而且非常实用。

形体的建构就是美的建构，设计师区别于工程师的关键在于前者从事的是关于艺术的造型。三维空间造型作为基础课程，为立体造型提供

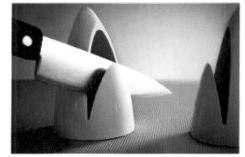

图7-9　大白鲨磨刀器

图 7-10　大白鲨磨刀器

图 7-11　大白鲨磨刀器

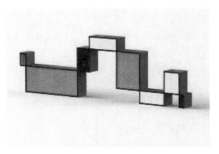

图 7-12　布拉德·皮特的家具设计

可能，讨论和研究立体造型的原理及规律，培养和提升设计者的创造性思维，从而提升现代设计能力。如图 7-12 所示是好莱坞著名演员布拉德·皮特设计的家具。家具造型简约，具有极简主义的风格，不管是三维空间造型元素的结合，还是色彩的运用，都非常出色。

拓展阅读

　　工业产品的设计过程就是将这些基础的理念和规律转化为实实在在的产品。有许多好的三维空间造型，只要融入实用功能，就会成为一件工业产品。

　　实践证明，不能把构成看成是一种简单的造型手段，而应该把它看成是实现造型目的的一种艺术观念和思维方式。产品工业设计的设计目标是方便消费者使用，再普通的日常用品的设计都要以方便消费者的使用为前提。如图 7-13 至图 7-16 所示，该组案例中，虽然这些产品不是来自同一个设计师，但它们都是厨房案板的设计，它们的存在都是为了方便消费者使用的，同时这些案板设计都极具立体感。

图 7-13　创意案板设计 1

图 7-14　创意案板设计 2

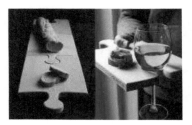

图 7-15　创意案板设计 3

图 7-16　创意案板设计 4

第二节
三维空间造型在工业产品设计中的应用

　　工业产品设计很多都是运用了三维空间造型的设计原理，生活中常见的一些简约的家具或灯具产品其实就是一些好的三维空间造型作品的直接运用。

　　如图 7-17 所示，这款名为牡蛎（Oyster）的折叠椅子，折叠起来只有一个坐垫大小，展开即是一个舒适的私人空间，很适合空间狭小的居室。这种易折叠、造型简单、以人为本的特性都符合三维空间造型的原则。

图 7-17　牡蛎折叠椅

一、三维空间造型的"线"元素在工业产品设计中的运用

三维空间造型中的"线"分为硬线材和软线材，其构成形式也分为框架结构、垒积构造、编结构成和拉伸结构等。在产品中，"线"也常常运用在设计的过程中。

直线：由于单纯所以是强力的，严格而冷漠，具有男性感；粗的直线因为钝重，男性感特强；细直线则因敏锐、神经质而稍带女性特征。

垂直线：表示上升的力，严肃、端正而有希望。

水平线：向左右扩展，表示安全和宁静。

斜线：有动感，同时又具有不安全感，富于变化。

曲线：根据长度、粗度、形状的不同，常给人以柔软、流动、温和的印象。

几何曲线：是理性的，有单纯、明快、充实感，往往用来表现速度感和秩序感。

自由曲线：奔放、复杂，富有流动感，通过处理，既可成为优雅的形，也可以成为杂乱的形。

如图 7-18 所示，这款台灯从造型上看是典型的三维空间造型中"线"元素的应用，简单优美的曲线造型、有机的木制材料，都成为这款台灯的优秀之处。

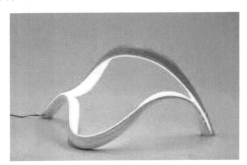
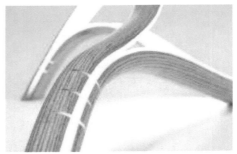

图 7-18　造型优美的台灯

二、三维空间造型的"面"元素在工业设计中的运用

在三维空间造型中，面最大的特征就是产生轮廓，具有平整性和延伸性。面材在产品设计中主要是产品的表面，封闭平滑的面会有充实和高档的感觉。

如图 7-19 所示，这款台灯的灯罩利用众多"墨镜镜面"组成，既透光又富有创意。

三、三维空间造型的"块体"元素在工业设计中的运用

"块体"元素是立体造型最基本的表现形式，它是具有长、宽、高三维空间的封闭实体。在形态上，它分为规

则的几何体和自由体等。

如图 7-20 所示，茶壶的壶身形状如卵石状，这样组合在一起的设计亲切自然，令产品富有生命力。

图 7-19　墨镜台灯　　　　图 7-20　有机形体组合的茶壶（摘自 Maria Berntsen）

四、形式美法则在工业产品设计中的运用

现代工业产品在设计的过程中开始注重简约的造型形式，并包含了形式美的外观形态。这就是形式美在工业产品设计中的体现之一。产品设计是以产品这一实物形式呈现在人们面前的。它利用各种技术手段和艺术方法按照功能规律和审美的规律来创造。设计的独特表现形式使美学这个主题更加广泛、更加深入地介入了人们的生活。产品设计迫切要求人们正确认识产品的形式与审美的关系，用"美"的尺度，设计制造富有形式美感的现代"艺术品"——工业产品设计。

 经典案例

美学 + 功能的装饰家具系列

背景介绍：

设计师试图将美学形式与功能紧密结合到一起，所有设计选择都由形式美学所决定。

如图 7-21 所示，这一系列包括一张桌子和椅子。这些家具都设有巨大的松木桌椅腿。它与轻薄的胶合板桌面或椅面直接相连。这种对比创造了强劲的、无需底部支撑结构的独立设计体。因此设计的外形与功能以一种无法言说的形式紧密结合起来。

分析：

如图 7-21 所示，桌面和椅面上涂了一层细石墨涂料，小茶几使用了铝合金材料、大胆的橘金色涂料。另外还有一些功能模糊的家具配件，它既是一个小茶几，也能当作小凳使用，材料选用了松木板和黑色石墨涂料。

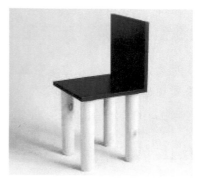

图 7-21　美学 + 功能的装饰家具

五、仿生设计法在工业产品设计中的运用

仿生设计是在仿生学的基础上发展起来的，它以仿生学为基础，通过研究自然界生物系统的优异形态、功能、色彩、结构等特征，并有选择性地在设计过程中应用这些原理和特征进行设计。仿生学（Bionics）是研究生物系统的结构、性状、原理、行为，为工程技术提供新的设计思想、工作原理和系统构成的技术科学。

仿生设计在工业产品中应用广泛，主要从形态、功能、色彩、结构这四个方面进行研究和设计新产品。

（1）形态仿生：对生物体的整个形态或某一部分特征进行模仿、变形、抽象等，借以达到造型的目的，如图 7-22 和图 7-23 所示。

图 7-22　模仿粟的果荚设计的盐瓶

图 7-23　鹦鹉螺的果皮不仅美观而且有分开不同食物的功能

（2）功能仿生设计：主要研究生物体和自然界物质存在的功能原理，并用这些原理改进现有的或建造新的技术系统，以促进产品的更新换代或新产品的开发，如图 7-24 和图 7-25 所示。

图 7-24　模仿苍耳粘毛功能的尼龙搭扣已经广泛应用　　　　图 7-25　仿象鼻机器臂

（3）色彩仿生设计：研究生物体的色彩特点，它广泛应用于产品设计、视觉传达设计、服装设计和环境设计之中，如图 7-26 和图 7-27 所示。

图 7-26　迷彩服条纹状的迷彩色块,具有良好的隐蔽性

图 7-27　从鹦鹉的羽毛中提取色彩意想应用于 CD 机的设计中

（4）结构仿生设计：主要研究生物体和自然界物质存在的内部结构原理在设计中的应用问题，研究最多的是植物的茎、叶以及动物形体、肌肉、骨骼的结构。如图 7-28 所示，模仿蜂巢做的蜂巢纸板重量轻、抗压强、成本低、缓冲性能好，宜家家居把蜂巢纸板作为家具填充物。

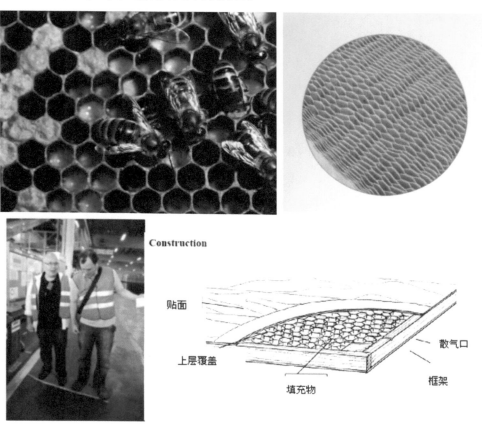

图 7-28　蜂巢纸板

综合案例解析：极具雕塑感的家具设计

方案设计说明：

简洁的东西可以有效地缓解人和产品操作界面的隔阂，让人们使用产品成为享受功能的过程。这是深泽直人"无意识设计"的追求目标。如图 7-29 所示，Grande Papilio 座椅是 2013 年日本设计师深泽直人为意大利家居品牌 B & BItalia 设计的作品，展现了深泽直人对于比例和形式的充分掌握。这款座椅是对早前 2009 年 Papilio Chair 凤蝶椅的改版，流畅的线条犹如从一个倒扣的锥形体变形而成。

分析：

如图 7-29 所示，Grande Papilio 扶手椅同样有 360° 旋转座椅设计，与深泽直人 Naoto Fukosawa 设计的凤蝶椅 Papilio chair 织物或皮革外表皮不同的是，扶手椅由天然蕉麻交错编织而成。天然蕉麻是一种天然的材料，令座椅可以放置在室内、室外阳台等任何空间中。另外，这种材料还有助于细节的体现，强调了蜿蜒曲线背部以及略呈圆锥形框架的平衡。当然，这款 Grande Papilio 扶手椅也没有了原凤蝶椅 Papilio chair 沿背部拉链的设计。

图 7-29　深泽直人 2013 年极具雕塑感的家具设计

本章小结

本章主要讲解三维空间造型在工业设计中的作用，意图通过详细的案例向学生展示三维空间造型对于设计的基础和桥梁的作用。不管是三维空间造型中要素的使用，还是三维空间造型的形式美法则，都对工业产品设计起到了基础性的影响。

教学检测

一、填空题

1. 三维空间造型是研究在 ＿＿＿＿＿ 中将立体造型的要素按照一定的原则组成具有美学意义的立体形态的学科。

2. 形态的创造不是随意的、无目的的，应该是按照 ＿＿＿＿＿、有科学法则可遵循的活动。

3. 三维空间造型中的"线"分为 ＿＿＿＿＿ 和 ＿＿＿＿＿，其构成形式也分为框架结构、垒积构造、编结构成和拉伸结构等。

二、选择题

1. "三维空间造型"这门课程就是起源于（　　）年的德国包豪斯艺术学院。

A. 1919　　　　　　B. 1998　　　　　　C. 1910　　　　　　D. 1889

2. 在造型的表现方面，包豪斯构成主张一切作品都要尽量简化为（　　）。

A. 立体图形　　　　B. 几何图形　　　　C. 四边形　　　　　D. 圆形

3. Grande Papilio 扶手椅同样有（　　）度旋转座椅设计。

A. 180　　　　　　B. 90　　　　　　　C. 100　　　　　　D. 360

三、问答题

1. 简述三维空间造型在工业产品设计中的运用。

2. 工业设计的过程中是如何体现三维空间造型的形式美法则的？

答案

一、填空题

1. 三维立体空间

2. 计划的

3. 硬线材、软线材

二、选择题

1. A

2. B

3. D

三、问答题

略

第八章

三维空间造型在环境艺术中的应用

SANWEI KONGJIAN ZAOXING ZAI HUANJING YISHU ZHONG DE YINGYONG

■■ 学习目标 ▮

1. 深入了解三维空间造型对环境艺术的影响。
2. 了解三维空间造型与景观设计的关系。
3. 了解三维空间造型与建筑设计的关系。

■■ 技能要点 ▮

利用三维空间造型进行景观设计和建筑设计。

📰 案例导入

阿德南立交桥设计

三维空间造型是三大构成艺术的一部分，是研究空间立体造型规律、创造立体和空间形态的一种造型活动。狭义的环境艺术设计是用物质技术手段对建筑内外进行环境再创造的活动，而广义的环境艺术的概念和范围几乎覆盖了地球表面所有和地面环境的美化装饰有关的领域。三维空间造型的形态要素具有环境中形状、轮廓的特征，是由内在结构、外在结构等形成的构成，这些形态要素同时也组成了环境中的形态。因此，三维空间造型与环境艺术设计有着千丝万缕的联系，环境艺术设计是运用立体空间构成的原理和方法组成的。如图 8-1 所示的阿德立交桥，其简洁的造型设计，与时间代气息相辅相成，突出了线条美，展现出了三维空间造型在环境艺术中的作用。

分析：

与世界上其他著名的建筑一样，阿德南立交桥建筑的设计相当简单。如图 8-1 所示，该立交桥只用"一条线"进行概括，然而这条线曲直分明，从造型上看不仅满足了现代建筑设计简洁的原则，而且满足了曲与直对比的形式美法则。

图 8-1 阿德南立交桥建筑设计

第一节
三维空间造型与景观设计

在当代城市发展的今天，景观设计成为物质文明和精神文明的载体。景观设计是搞好现代化环境建设的重要因素之一。

拓展阅读

景观设计中的三维空间造型是描述环境与物体之间的关系。每一件景观设计作品都阐释着它与环境之间的关系，以及给人的感受。

如图 8-2 所示，由 Studio Weave 设计的 The longest bench，位于 Littlehampton 海滨，于 2010 年 7 月 30 完工。沿着蜿蜒的轨道，设计师利用 100% 回收的热带硬木板，制造出这个富有魅力的旋转环绕的长椅。

图 8-2　英国最长的公共板凳

这个长椅被限制在一座不锈钢的框架结构中，切面看上去如同随意卷曲的线条。一期工程的长凳曲线总长度为 620 米，可容纳 800 名成年人就座。木条长椅上被设计了丰富的色彩，粉红、黄色、橙色在东部，紫色和蓝色在西部，表达了自然的色彩和色调的变化。

长椅不管从实用、美观，还是曲线、直线的运用，都展示出立体空间的环境艺术之美。

一、三维空间造型与雕塑

雕塑、装置艺术都是构成景观的重要元素之一，是"场地 + 材料 + 情感"的综合展示艺术，既可以是私人空间，又可以出现在公共场合。现代雕塑设计的原理来源于三维空间造型，两者的构成形态非常相似。

图 8-3　五四广场的雕塑

如图 8-3 所示，青岛"五四广场"上的标志性雕塑《五月的风》，高 30 米，直径 27 米，重 500 多吨。雕塑取材于钢板，并辅以火红色的外层喷涂，其造型采用螺旋向上的钢板结构组合，以精练的手法、简洁的线条和厚重的质感，表现出腾空而起的"劲风"形象，给人以"力"的震撼。雕塑整体与浩瀚的大海和典雅的园林融为一体，成为"五四广场"的灵魂。如果将这件城市雕塑按比例缩小，其实就是一件三维空间造型作品。

如图 8-4 所示的景观雕塑是澳大利亚艺术家 Greg Johns 的作品。这些作品充满着张力，他擅长运用青铜器加上简单的线条，或威武或灵动。

图 8-4　景观雕塑欣赏

经典案例

南斯拉夫的城市雕塑

背景介绍：

在20世纪六七十年代，前南斯拉夫共和国领导人铁托，为了向世界展示社会主义国家力量和形象，向建筑设计师征集设计稿，在国境内建造了众多造型现在看来颇为后现代，甚至科幻的纪念碑式雕塑。

分析：

如图8-5至图8-8所示是南斯拉夫的城市雕塑。厚重是这组城市雕塑的主题，不管三维空间造型形态运用哪种组合，在钢铁等材料的使用之下，在斑驳的肌理衬托下，都会显得非常有分量。

图8-5　南斯拉夫雕塑作品1

图8-6　南斯拉夫雕塑作品2

图8-7　南斯拉夫雕塑作品3

图8-8　南斯拉夫雕塑作品4

二、三维空间造型与园林景观

第二次世界大战结束至今，三维空间造型的一些形式法则被运用到园林景观设计中。在园林景观的设计过程，园林的布局、小品的设计、植物的树形等各个要素都与三维空间造型的形式美法则有着或多或少的关系。

泰国Howies Homestay酒店的设计融合了三维空间造型元素。它将自然与建筑、小品融合到一起，是这座酒店最大的特色。它传递了一种自然美与人工美的结合，透露着三维空间造型形态的要素。将整个景观简化成不同的几何形态，就会发现，这些形态要素的对比与统一做得非常完美，如图8-9至图8-11所示。

图8-9　泰国Howies Homestay酒店1

图 8-10　泰国 Howies Homestay 酒店 2　　　　　图 8-11　泰国 Howies Homestay 酒店 3

在三维空间造型中，材料和肌理也是主要因素，肌理起着装饰性和功能性的作用。而在园林景观设计中，枝干的光滑和粗糙、叶片的蜡质和绒毛、单叶及复叶等都会成为园林景观设计的材料和肌理被人们所利用，因为，不同的肌理给人的视觉效果和心理感受均有差异。园林中的山石因为具有意境美和特殊的神韵，被认为是"立体的画""无声的诗"。

将元素分成不同的层次，然后层层叠加，形成既丰富又统一的秩序景观结构。这样才能构成优美的园林景观环境。

如图 8-12 所示，贝塞斯达设计的茶室非常有棱有角。只是简单的立体形态的拼接，就能组成一座看起来非常高端的茶室。当然，值得一提的并不仅仅是这座有棱有角的茶室，还包括与之相适应的环境。与有棱角的建筑物相比，它周围的环境就显得"柔美"得多。这也正好体现了三维空间造型对比与协调的原则。

图 8-12　贝塞斯达的一座茶室

📗 **经典案例**

Scott Shrader 的家：图片画廊

背景介绍：

在加拿大南部地区，在自家 1600 平方米的别墅外部区域，景观设计师 Scott Shrader 建造了一个舒适的后花园作为他招待亲友、漫步和餐饮的场地，如图 8-13 至图 8-18 所示为花园中的几处景物图。

分析：

在后花园，设计师以砖和混凝土将后院分成三个 45 平方米的区域，并定制了法式大门。花园两边各有两棵橄榄树，道路由绿色的草坪围成棱形结构，使地面看起来精美，如图 8-13 所示。另外，屋内的两侧也放置了一棵装饰树，与盆景、屋外的两棵橄榄树形成呼应，如图 8-14 所示。

另外，在后花园里面还有 Valt Lamb 设计的椅子、1 个用回收的脚手架制作的桌子，如图 8-15 和图 8-16 所示。景园里的装饰绿色植物蓬勃生机，如图 8-17 和图 8-18 所示，显示出大自然的朝气，象征着活力、生机。

图 8-13　Scott Shrader 的
家:图片画廊 1

图 8-14　Scott Shrader 的家:图片画廊 2

图 8-15　Scott Shrader 的家:图片画廊 3

图 8-16　Scott Shrader 的家:图片画廊 4

图 8-17　Scott Shrader 的家:
图片画廊 5

图 8-18　Scott Shrader 的家:
图片画廊 6

🌐 **拓展阅读**

当对不同造型的树木、公共设施及小品、建筑等元素，在空间布局时，应注意各个元素结构之间的对比调和以及整个景观场地的天际线变化，并进一步调整空间的尺度和比例，解决好空间与空间之间的分割、衔接、对比和统一。

第二节
三维空间造型与建筑

在建筑造型设计中，体现了三维空间造型的基本法则进一步的运用。

一、明确研究内容

立体形态构成在建筑造型设计中需研究这几个方面的内容：构成要素在三维空间所形成的量块和空间、由视觉位移所产生的立体形态变化、立体形态给人造成的心理感受、形态结构的意象和逻辑。

马哈拉特的大部分经济依赖于从事石材切割及加工的业务，但因为石材切割技术效率低下，其中超过一半的石料被废弃。在这种背景条件下，设计师设计建造了伊朗 1 号公寓。该项目旨在通过回收、再利用建筑外墙和部分内墙的剩余石材，提高当地施工队伍对回收石材的使用，将低效转变为经济环保，如图 8-19 至图 8-21 所示。

图 8-19　伊朗 1 号公寓 1　　　　　图 8-20　伊朗 1 号公寓 2　　　　　图 8-21　伊朗 1 号公寓 3

二、面材的运用

现代建筑造型，面占了很大比重，无论是全混凝土的实面，还是布满窗体的虚面，都体现了三维空间造型的面的特性。不同的面会有不同的情感特征，例如长方形、三角形、圆形具有简洁、明确、秩序的美感；曲面形具有柔美、自然和动感。

🌐 **拓展阅读**

不少富含曲面造型的建筑设计更是发掘了一些如来自动物、形体或是个人感受的一些自然线条并应用，收到了意想不到的效果。面由于自身形体、材质的关系，也可产生不同的虚实效果，而虚实是相对而言的。

如图 8-22 至图 8-24 所示的意大利 PF 独立住宅设计，很好地阐释了三维空间造型中线材垒积成面的过程。将基本线材排列形成的面材具有透明的质感，增加了不少简洁、通透的质感。

图 8-22　意大利 PF 独立住宅设计 1　　　图 8-23　意大利 PF 独立住宅设计 2

三、体的运用

体是三维空间造型的重要元素，也是所体现的构成形式。块立体是构成之内最大的单位，一般建筑皆是单纯体块或是体块的组合。体块分为简单形体和复杂曲面体。简单的由三角形、长方形、圆形所构成的阿基米德形体，给人以简洁、明确、秩序感；而由复杂曲线构成的曲面体，则产生流动的变化感，如图 8-25 和图 8-26 所示。

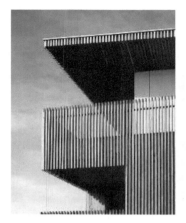

图 8-24　意大利 PF 独立住宅设计 3 　　　　图 8-25　常规型体不常见的摆放组合方式的建筑

由于块材形态特征无限丰富，其构成体的组合方式也是极其丰富的。在建筑造型的体量上，一般构成建筑形体的多个形体大小不一，往往采用一个体块为主体，其他作为补充和呼应，这样主次分明，主体更为突出。也有个体采用两个或多个完全等大的方案，较好地体现了节奏和韵律感。在结合三维空间造型的建筑外观设计教学当中，更多强调的是一种感性、一种思维方式。三维空间造型的空间概念给了人们足够的范围去想象和创造，如图 8-27 所示。

图 8-26　富有创意的建筑　　　　　　　图 8-27　富有创意的建筑

拓展阅读

三维空间造型为空间造型设计提供了广泛的构思方法和方案，为人们积累了大量形象资料。它是空间造型设计的基础，是一种视觉语言，是我们展开无限想象的一条思路。

经典案例

绿松"木头房"

背景介绍：

绿松"木头房"（见图 8-28）项目位于上海至朱家角的高速公路旁。它包括一个 30000 平方米的绿洲花园以及两栋如今已改建的厂房。树木街区同时界定了植物种类和外部空间。暴露在外的水沟和石制的小巷在里头纵横交错，指向不同的走向和风景。这两栋建筑的重修依照跟随了它原本的逻辑。建筑师通过构造学研究了各种当地的材料和建筑方法，并把合适的运用在此。

分析：

如图 8-28 所示，设计师在这座"木头房"的东部铺上了一个由松树杆垂直折叠构成的屏风，为在室内享用晚餐的贵宾制造了私人空间。同时他们在房子的外部凿上了可以放入空调的洞穴。不管是由内至外还是由外至内，人们都能透过这个屏风看见对面的景色。为了减少高速公路上传来的噪音，这个砖头建筑的西边由实心砖砌成的墙围成，而在东边的木头屏风则使得它的室内空间与室外景观相融合。建筑师运用了在中国东南部常见的两种不同厚度的黑灰色砖块，通过新的堆砌方式组合。这些砖块错落有致地变化着，如同一段连贯的音律，形成规律的水平线图案。

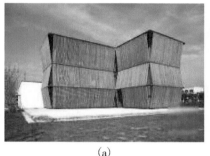
(a)
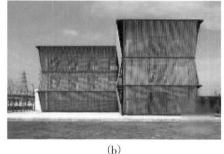
(b)

(c)

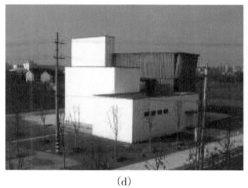
(d)

(e)
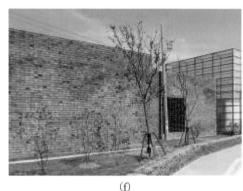
(f)

图 8-28 绿松"木头房"

综合案例解析：木质摩天大楼

方案设计说明：

木质摩天大楼以木头为建筑主材，由 C. F. 默勒建筑事务所、瑞典迪内尔约翰松建筑事务所和城市规划咨询公司蒂伦斯为参加瑞典建筑协会"HSB 斯德哥尔摩"建筑竞赛而设计，位于瑞典首都斯德哥尔摩，高 34 层，如图 8-29 所示。摩天大楼计划于 2023 年落成，纪念协会成立 100 周年。这座建筑将更多地运用木材，即在混凝土搭建的框架外使用木材作为装饰，再在木材外加装玻璃。这样的好处是减少了建筑自身的重量，而木材本身优良的保温、声学性能也得以利用。

分析：

如图 8-29 所示，木质摩天大楼的核心结构为钢筋混凝土。2013 年 6 月，大楼设计单位之一挪威 C. F. 默勒建筑事务所称，大楼核心结构也可能用木材取代，因为木材能够达到"非常棒的建筑质量"。

摩天大楼里的柱子和框架全部是由木质材料做成的。立柱和

图 8-29 木质摩天大楼

横梁用实木，室内墙面、天花板和窗框全部使用木材，因此内部装修时不必使用石膏或其他昂贵材料。

这栋摩天大楼将通过太阳能电池板来供电，每间公寓都有一个玻璃覆盖的阳台，大楼的侧面还有绿色植物。

本章小结

三维空间造型是现代艺术设计的基础之一，是使用各种材料将造型要素按照美的原则组成新立体的过程。本章主要介绍三维空间造型在环境艺术中的应用，其重点是研究空间立体造型规律。立体造型是创造立体和空间形态的一种造型活动，在现代景观设计中起着非常重要的作用。通过学习本章内容，使读者能够掌握使用景观中的三维空间造型描述环境与物体的关系的方法，并将其运用到实践当中。

教学检测

一、填空题

1. 现代雕塑设计的原理来源于 _____，两者的构成形态非常相似。

2. 在园林景观的设计过程，园林的布局、_____、植物的树形等各个要素都与三维空间造型的形式美法则有着或多或少的关系。

3. 不同的面会有不同的情感特征，例如长方形、三角形、圆形具有 _____、_____、_____ 的美感。

二、选择题

1. 青岛"五四广场"上的标志性雕塑《五月的风》，高 30 米，直径 27 米，重（   ）多吨。

A. 100 　　　　　B. 400 　　　　　C. 300 　　　　　D. 500

2. 泰国 Howies Homestay 酒店的设计融合了三维空间造型元素，它将自然与（   ）、小品融合到一起，是这座酒店最大的特色。

A. 建筑 　　　　　B. 风景 　　　　　C. 人文历史 　　　　　D. 社会

3. 木质摩天大楼以木头为建筑主材，高（   ）层。

A. 24 　　　　　B. 34 　　　　　C. 35 　　　　　D. 44

三、问答题

1. 举例说明三维空间造型与雕塑设计的内在联系。

2. 三维空间造型是通过什么途径来指导建筑设计的？

答案

一、填空题

1. 立体构成

2. 小品的设计

3. 简洁、明确、秩序

二、选择题

1. D

2. A

3. B

三、问答题

略

第九章

三维空间造型在服装设计中的应用

SANWEI KONGJIAN ZAOXING ZAI FUZHUANG SHEJI ZHONG DE YINGYONG

1. 了解服装设计与三维空间造型的关系。
2. 了解三维空间造型的形式美法则在服装设计过程中的运用。

学习目标

了解服装设计中的三维空间造型，遵循形式美法则。

案例导入

晚礼服饰设计

三维空间造型是在三维的立体空间下通过研究将造型元素按照形式美法则组合成具有美学意义的造型的学科。服装设计是从二维平面形态向多位立体形态转化的过程。培养设计师的立体思维与空间造型，是服装设计专业的基础，也是重点。因此，立体造型的设计过程也是服装结构设计思维与动手实践相结合的过程，从这种意义上来说，构成设计可称为是基础与专业衔接的桥梁。如图9-1至图9-4所示，设计者通过服装设计展示出三维空间造型带来的视觉效果。

分析：

如图9-1至图9-4所示，设计师的设计作品说明"三维空间造型设计是基础与专业衔接的桥梁"的道理。该作品不仅从三维空间造型的要素上做到了和谐统一，而且表现出了形式美法则的共通性。

图9-1　服装设计1　　　图9-2　服装设计2　　　图9-3　服装设计3　　　图9-4　服装设计4

第一节
三维空间造型的基本要素在服装设计中的应用

服装造型设计与三维空间造型的造型有着很强的联系。它是三维空间造型的发展状态。它的构成要素基本都源于三维空间造型的设计元素。因此，三维空间造型的基本要素在服装设计中有广泛的应用。也有不少设计师会从自然界中、绘画作品甚至从建筑中汲取元素来设计服装，如图9-5至图9-7所示。

图 9-5　从植物与矿物中得来的服装设计灵感

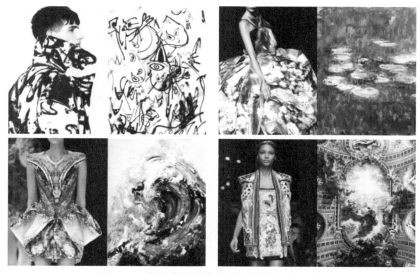

图 9-6　从经典绘画中得来的服装设计灵感

图 9-7　从建筑中得来的服装设计灵感

　　伦敦时装周上，J.W.Anderson 春夏女装系列发布。设计师设计的作品都呈现了三维空间造型的特点，设计师将浮雕、折皱、立体纹理等运用到服装设计中，使几件作品呈现出了不同的肌理与效果，如图 9-8 至图 9-11 所示。这一系列衣服的灵感来自于设计师童年时期的手工课。不管是形同糖纸一样的揉皱上衣，还是类似紧密排布的艺术画框，还是露肩长裙，抽象的几何形体被运用，呈现出了出人意料的三维空间造型的感觉，体现了女性的刚与柔的结合。

图 9-8　2014 春夏 J.W.Anderson 系列服装 1　　　　图 9-9　2014 春夏 J.W.Anderson 系列服装 2　　　　图 9-10　2014 春夏 J.W.Anderson 系列服装 3　　　　图 9-11　2014 春夏 J.W.Anderson 系列服装 4

　　如图 9-12 至图 9-16 所示，马可的服装作品常用东方的思维设计结合西方的设计手法，将民族的主题融到服装中，用肌理的凹凸、水洗的斑驳、比例的调和来表达思维和设计风格，呈现出"本源、自由、纯净"的理念。

图 9-12　服装设计 1　　　图 9-13　服装设计 2　　　图 9-14　服装设计 3　　　图 9-15　服装设计 4　　　图 9-16　服装设计 5

图 9-17　国际品牌 D&G 的设计作品中点元素的运用

一、服装设计中点元素的运用

　　点是三维空间造型中最基本的元素，点的体积有大有小，形状各异。在服装三维空间造型中，花结、纽扣、花纹、图案等都可以作为服装设计中的点元素装饰于领、胸、腰等部位，使整个服装吸引人的注意。在服装设计中，应该充分考虑点元素的使用，才能起到"画龙点睛"的作用，如图 9-17 所示是国际品牌 D&G 的设计作品。

　　下面看一下 ELIE SAAB 2014 年春夏系列服装。与季节一致，春装的粉嫩总是能够给人一种生命的活力，ELIE SAAB 2014 年春夏系列向大自然撷取灵感，体现了万象更新的灵动气息。

　　如图 9-18 至图 9-22 所示的服饰设计，色彩缤纷纵然是一大特色，但用娇媚

图 9-18　ELIE SAAB 2014
年春夏系列 1

图 9-19　ELIE SAAB 2014
年春夏系列 2

图 9-20　ELIE SAAB 2014
年春夏系列 3

图 9-21　ELIE SAAB 2014
年春夏系列 4

图 9-22　ELIE SAAB 2014
年春夏系列 5

的花朵作为"点"元素点缀服装的方式也是这一系列的衣服的特点。华丽的花朵盛开在美艳的衣服上，让人观后似乎嗅到了春天的气息。

二、服装设计中线元素的运用

三维空间造型中，线的形态有长有短、有粗有细、有曲有直，不同的线可以表达出不同的感觉和意境。而在服装设计中线一般以结构线、装饰线为主，而且，分割线的运用有性别差异，男装多以直线来表达男性的阳刚，女装多以曲线表达女性优雅之美。

Luke Pook 服装设计一直夸张得出人意料，但从作品的整体看，头部和脚部"线"元素的运用确实给这件衣服增色不少，这种有趣且直白的表达方式是他大胆追求艺术的灵感，如图 9-23 所示。

"Dior"在法文中是上帝"（Dieu）"和"金子（or）"。Dior 一直是华丽与高雅的代名词。不论是时装、化妆品还是其他产品，克里斯汀·迪奥在时尚殿堂一直雄踞顶端。这件作品是迪奥晚礼服的设计，裙面上的浮雕花纹用半立体的"线"来装饰，既消除了单调，又显得衣服上档次，如图 9-24 所示。

图 9-23　Luke Pook 设计的服饰

图 9-24　迪奥黑色晚礼服

　　Alberta Ferretti 说："我的春夏系列灵感来自意国充沛的阳光、南部小城的热情、民族文化所散发的绚丽色彩。这些小城中的女性热情奔放却不失典雅，乐于享受生活与阳光，热爱从穿着搭配中寻找情趣。"可见，他对这一系列服装的诠释是快乐与欣喜。如图 9-25 至图 9-28 所示的服饰，白色的裙面上点缀彩色的条纹，以"线"的元素有序地或平面或立体地排列在服装上，使服装从白色的单调走向了彩色的活泼。

图 9-25　Alberta Ferretti
2014 春夏 1

图 9-26　Alberta Ferretti
2014 春夏 2

图 9-27　Alberta Ferretti
2014 春夏 3

图 9-28　Alberta Ferretti
2014 春夏 4

三、服装设计中面元素的运用

　　三维空间造型中，面元素具有平薄、扩展的感觉。这种特性使面在服装设计中非常具有可塑性。服装以衣料为面材，以肩、胸、腰、臀等几个关键部位为依据按比例计算，经过剪裁加工制成成衣，形成立体空间造型，包裹人体来体现美感。

拓展阅读

对面进行折叠、切割、镂刻等加工，能够丰富服装的造型，并呈现出不同的肌理效果。

如图 9-29 所示，藤原大（Dai Fujiwara）的从"纸样"到成衣，立体廓型、几何图案都将三宅一生（Issey Miyake）的设计精髓逐一展现。这场秀的开始是利用白色纸张的硬挺质感，裁剪出充满立体感的风衣、连身裙、短裙等服装，像是在展示设计过程中的服装纸样，而接下来又是 5 个银灰色系的 Look 一起出场，服装的廓型则正是从前 5 个 Look 的造型演化而来。

图 9-29　纸张服饰设计

四、服装设计中材料元素的运用

随着人们对于艺术和美的理解与追求，服装的材料也越发多样，从特殊的金属、陶瓷等到纸张、塑料，从普通的棉麻制品到自然界中动植物的皮毛等，都成了服装设计师运用的材料。

材料的美感直接影响服装造型设计的表达，成为服装设计的表情。不同质感的材料会有不同的效果，如光滑的质感给人华丽的感觉，粗糙的质感给人淳朴的感觉，轻盈的质感给人飘逸的感觉，等等。而在设计的过程中，设计师也尝试用现有的材料塑造新鲜的肌理质感，如牛仔面料的破洞，使服饰的形态更加丰富多彩，充分满足人的视觉与触觉。

拓展阅读

服装三维空间造型的抽褶法、填充法、堆积法、折叠法、绣缀法、编织法等表现技法，都可极大地加强和渲染服饰造型的表现力，使服装的语言变得更丰富，更妙趣横生，更具有感染力。

提倡自然的 DECOSTER 品牌常常以柔和清新的态度示人。选择环保的面料，提倡衣物的舒适感和设计感是他们的宗旨。通过选择天然纤维面料，不仅可以使女性柔软的生命力体现出来，而且能传达一种舒适的生活态度。这几件舒适性和设计感结合的女装因多元文化的截取和艺术形态的丰富令人耳目一新，给人轻盈的感觉，如图 9-30 至图 9-32 所示。

图 9-30　DECOSTER 品牌女装 1　　图 9-31　DECOSTER 品牌女装 2　　图 9-32　DECOSTER 品牌女装 3

Matthew Williamson Resort 早春系列的部分作品在衣身上做了材质的处理。如图 9-33 和图 9-34 所示的两件衣服，将羽毛的元素融入衣身设计中，不仅符合早春系列的乍暖还寒的季节特质，而且符合女性的轻柔性格。

图 9-33　Matthew Williamson Resort 2014 早春系列 1 　　　图 9-34　Matthew Williamson Resort 2014 早春系列 2

如图 9-35 至图 9-37 所示的服饰设计，设计师大量运用弹力皮革和鹿皮，Jitrois 2014 春夏系列女装通过两种面料的光泽感和质感形成穿着的视觉冲击效果。精简的修身着装剪裁加入现代感的几何图形和镂空流苏元素，让复古的皮装变得摩登而时髦。

图 9-35　时髦复古风 Jitrois　　　　图 9-36　时髦复古风 Jitrois　　　　图 9-37　时髦复古风 Jitrois
2014 春夏系列 1　　　　　　　　2014 春夏系列 2　　　　　　　　2014 春夏系列 3

 经典案例

VeraWang 的作品赏析

背景介绍：

Vera Wang 王薇薇是著名华裔服装设计师，她设计的婚纱，简约、流畅，没有任何多余夸张的点缀物。褶皱、蕾丝这些传统的婚纱元素仍然被 Vera Wang 使用，但她更关注布料的特性、平滑的裙身与立体的剪裁，如图 9-38

和图 9-39 所示。

分析：

如图 9-38 和图 9-39 所示，轻薄坚挺的布料是 Vera Wang 婚纱的一大特色。厚重不透气的料子不但不能让新娘感觉舒服，而且会留下极不好的印象。头纱和花饰的选择更是她在意的。

图 9-38　Vera Wang 的婚纱作品

图 9-39　Vera Wang 的婚纱作品

第二节
从三维空间造型的角度看服装设计的特殊性与普遍性

设计师要从三维空间造型的角度看服装设计具有的特殊性。

服装设计不同于其他立体空间的构成，它不像绘画、雕塑那样根据艺术家的感受和想法或抽象或真实，也不像建筑造型那样，在满足了人的居住和活动空间之外，还具有更大的灵活性和表现性。

 知识链接

服装的造型是在人体结构的基础上，利用各种制衣材料进行形态的表现和再造。正如所有的空间造型艺术都要有一个支撑造型的基本构架一样，人体就是服装造型的构架体，没有了它，服装就没有了支撑。

从设计的范围看，服装设计的范围仅存在于人体，这相对制约了服装的造型，也对服装造型使用的材料提出了更高的要求。

服装设计同样具有三维空间造型的普遍性——遵从形式美法则，在服装的图案和造型中能够体现出来。

一、统一与对比的法则

统一的功能是指三维空间造型的各个要素应该彼此产生关联且富有秩序，从而产生和谐的美感。服装的三维空间造型要从单纯、秩序、重复、调和四方面进行探讨。单纯并不是指单调，而是抓住服装最主要的特质，将精简的要素有力地表达出来。重复是为了让服装有秩序感。调和是指服装的各要素之间的统一。各要素之间的对比与调和是相互加强衬托的作用而形成统一和谐的形式。

　　如图 9-40 至图 9-42 所示，中国著名服装设计师吴海燕设计的服饰，洋溢着浓郁的"民族情结"。她对民族文化的热爱使她觉得找到了艺术生命的源头。吴海燕有意识地"积累"中国传统服饰元素。即使在她的作品中看到了新奇的元素，她对于服装的造型也是构筑在人体结构基础之上的。

图 9-40　黑白服饰设计　　　　　　图 9-41　白色服饰设计　　　　　图 9-42　搭配点缀服饰设计

二、平衡的法则

　　三维空间造型要素之间的平衡包括对称和均衡。两种不同的平衡形式在空间造型的最终呈现上会有不同的感觉，如能很好地调解，就能产生平衡状态。如中山装就是运用的对称，西装则是运用的均衡。

　　如图 9-43 至图 9-45 所示，QIUHAO 2014 春夏系列延续了一贯的极致减法设计，用简约黑白色调平衡衣服设计，极简的轮廓、奢华的面料、简单的流苏诠释着服装设计平衡的主题，不仅古朴而且高端。

图 9-43　QIUHAO 2014 春夏系列 1　　图 9-44　QIUHAO 2014 春夏系列 2　　图 9-45　QIUHAO 2014 春夏系列 3

知识链接

服装三维空间造型中合理地运用好平衡的形式法则，会产生安定、静止的感觉，如表现运动感则要打破这种平衡。

三、比例的法则

比例的法则在服装设计的过程中显得尤为重要，因为这体现了整体与部分、部分与部分之间的关系。在服装三维空间造型中，要注意人体的高度与服装长度的比例关系以及服装整体与部分之间的比例关系，如上衣的长度与裙子的长度等。如图9-46所示是一款时尚的BOSS西装外套。一个胸部口袋和两个侧面口袋之间的比例分配得当，并在胸部口袋放置深色手绢，不仅与西装的色彩形成对比，而且能彰显男士的绅士风度。两个侧面口袋以同样的高度置于西装两侧，表现出了平衡美，使得这款BOSS西装外套的整体外观具有舒适感。

图9-46 BOSS男装西服设计

四、强调的法则

强调是指有意加强一部分的视觉效果，使其在整体形式中成为重要的焦点。在服装三维空间造型中，可在面料里添加异物或衬物，形成凹凸感，加强款式的立体造型。部位一般用于人体较为突出部位，如肩部、胸部、胯部及臀部等。服装立体形态的夸张程度，关键取决于设计者突出、强化的程度。

经典案例

强调逃生主题的服装设计

背景介绍：

如图9-47和图9-48所示，设计师以服装设计强调逃生主题，设计理念新颖。在2012年12月之前，人们对世界末日的猜想有很多，想象着人类所要遭受的灾难。服装设计师运用自己独有的表达方式充分体现了逃生的意识形态，在2012年夏季Jen Kao的新季作品中就体现了这一点。

图9-47 突出末日主题的服装1

图9-48 突出末日主题的服装2

分析：

如图 9-47 和图 9-48 所示，逃生服饰除了夸张的设计、独特的裁剪之外，就是主要针对常见的天气而设计，比如沙尘暴、暴雨、台风、暴风雪等恶劣天气。

综合案例解析：Stella McCartney 2014 春夏系列

设计背景：

斯特拉·麦卡特尼（Stella McCartney）在伦敦著名学府中央圣马丁学院（Central Saint Martins College）主修美术及设计。她设计的时装舒适、性感和具有现代时尚风格，就像她所希望的，设计能够带给女性美丽与自信的感觉。Karl Lagerfeld 领导下的 Chloe 多年来一直维持着希腊神话般的古典风格，而斯特拉·麦卡特尼（Stella McCartney）则在保持浪漫优雅的基础上，注入了年轻女孩的天真梦想，这个改变果然带动了 Chloe 整体品牌形象的年轻化。

斯特拉·麦卡特尼（Stella McCartney）接手 Chloe 后，短短数年间，为人津津乐道的设计举不胜举，对比与矛盾的风格更是无人能出其右。贴身低腰裤、斜裁及膝裙、心型碎钻眼镜，以及用飞鹰、虎头和花花公子兔头作图案的放射印花的 T-shirt 和背心，斯特拉·麦卡特尼（Stella McCartney）的设计作品融合了复古和摇滚的特异风格，不断成为各地有性格的时尚女性的最爱。除了保留 Chloe 原有的自信、成熟和浪漫的女性化风格，斯特拉·麦卡特尼（Stella McCartney）在设计中更加入许多歌颂大自然的有趣的图案，如动物和植物等，如图 9-49 至图 9-51 所示。

分析：

如图 9-49 至图 9-51 所示，清透与朦胧感是这一系列服装共有的特点。棉质的上衣与乌干沙拼接、鳄鱼纹的重复加服装本身的干练、纱质服装与内衬的和谐都体现了这几款衣服中各要素之间的对比与统一，使衣服看起来既活泼又统一。

图 9-49　Stella McCartney
2014 春夏系列 1

图 9-50　Stella McCartney
2014 春夏系列 2

图 9-51　Stella McCartney
2014 春夏系列 3

本章小结

服装三维空间造型是用一定的服装材料，通过组合、光影、透视等手法处理，构成三至四度空间形象的艺术种类。本章主要介绍服装这种艺术品在立体形态中的体现，服装设计与人体相配合，呈现出它多姿多彩的特点。通过学习本章内容，使读者更清楚地了解三维空间造型在服装设计的应用的作用，分析出服装设计的构成元素、形式美法则等重点要素。

📋 教学检测

一、填空题

1. _____ 是三维空间造型中最基本的元素，点的体积有大有小，形状各异。

2. 在服装三维空间造型中，花结、_____、_____、图案等都可以作为服装设计中的点元素装饰于领、胸、腰等部位，使整个服装吸引人的注意。

3. 服装设计同样具有三维空间造型的普遍性——遵从 _____，在服装的图案和造型中能够体现出来。

4. 三维空间造型要素之间的平衡包括 _____，两种不同的平衡形式在空间造型的最终呈现上会有不同的感觉。

二、选择题

1. 三维空间造型中，面元素具有（   ）、扩展的感觉，这种特性使面在服装设计中非常具有可塑性。

A. 平薄   B. 稳重   C. 时尚   D. 宽广

2. 以下不属于服装设计的法则的是（   ）。

A. 统一与对比的法则   B. 平衡的法则   C. 比例的法则   D. 构成的法则

三、问答题

1. 三维空间造型的形式美法则与服装设计的形式美法则有哪些区别与联系？

2. 服装设计中的点、线、面、肌理分别具有哪些特点？举例说明。

📋 答案

一、填空题

1. 点

2. 纽扣、花纹

3. 形式美法则

4. 对称和均衡

二、选择题

1. A

2. D

三、问答题

略

第十章

三维空间造型在包装设计领域的应用

SANWEI KONGJIAN ZAOXING ZAI BAOZHUANG SHEJI LINGYU DE YINGYONG

学习目标

1. 了解商品包装设计的基础理论。
2. 了解三维空间造型对包装设计的作用。
3. 从三维空间造型的角度学习商品包装设计的造型法则。

技能要点

了解商品包装设计的三维空间造型，掌握包装的造型法则。

案例导入

可口可乐集装箱设计

包装设计是产品的"外衣"，用于产品包装的美化和保护。随着人们对物质文化和精神文化的追求，包装设计逐渐成为材料、美术、心理、市场等要素融合的产物。在艺术设计领域，三维空间造型作为一门独立学科，不仅研究立体造型的元素，而且研究空间中立体形态的构成法则。在竞争日益激烈的市场环境下，为商品包装设计提供了重要的理论基础和指导性法则。包装设计分为包装结构设计、包装造型设计和包装视觉设计。其中包装造型设计与三维空间造型有着密切的联系，可以说包装的造型过程就是立体空间造型的过程。如图10-1至图10-4所示的可口可乐集装箱，设计师以简洁手法突出集装箱的造型，使其既能够满足使用者的需求，又能突出设计的美感。同时，设计者还将可口可乐集装箱分为不同的色彩，便于装置不同颜色的可口可乐瓶，使人们能够更直观地观看可口可乐瓶。

分析：

如图10-1至图10-4所示是设计师 Ferdi Fikri 为可口可乐公司设计的。在这款设计中，集装箱秉承了包装设计的首要原则——"保护产品"。它不仅能起到保护产品的作用，而且其设计秉承了可口可乐的品牌理念，就是要在这个同质化产品的视觉繁杂时代创造一个具有集中视觉冲击力的品牌形象物品。比如零概念，大红的品牌颜色，白色，深灰色和浅灰色。同时，设计符合人体工程学的设计，提手的设计方便搬运工人的搬运，底座的设计便于摆放且充分利用空间。

图10-1　可口可乐集装箱设计1

图10-2　可口可乐集装箱设计2

图10-3　可口可乐集装箱设计3

图10-4　可口可乐集装箱设计4

第一节
三维空间造型的元素在现代包装设计中的应用

构成的概念诞生于20世纪20年代到20世纪30年代。其核心理念萌生于西方绘画从具象到抽象的转变过程中，后经德国包豪斯教育学院融合了前卫的艺术运动成果和艺术精神确定了内涵。

知识链接

三维空间造型同平面构成、色彩构成一样，用抽象而纯粹的几何形态表达、强调几何形态的抽象表现力，它对现代包装设计也有十分重要的影响。

如图10-5至图10-7所示，这款牙膏的设计将技术与艺术结合起来。设计者从牙膏本身出发，直接在牙膏体上设计个圆圈，利用旋转离心力把牙膏甩到前面去。该设计不仅能够减少牙膏的成本，而且能够使那些有节约想法的消费者远离为经常挤不干净牙膏而心烦意乱的负面心情。

图10-5 简约的牙膏设计1   图10-6 简约的牙膏设计2   图10-7 简约的牙膏设计3

一、"点"在现代包装设计中的运用

在几何学中，"点"是除了拥有固定位置之外的虚体，而在三维空间造型中，"点"是具备高度、深度、长度的三维空间实体，也是构成立体空间构成的基本要素，为产生不同的视觉造型效果发挥着自身的作用。

如图10-8所示，Milk Talk的沐浴产品是由Design Team Etude Co.设计的。Etude公司想通过这一产品给人欢乐的沐浴体验，于是将有趣的水果形状浴球设计在对应的沐浴产品上，这种醒目的设计正是"点"在包装设计中的运用。

在商品包装的造型设计中，三维空间造型的"点"成为设计元素的一种，如果设计得当，可以给人饱满、充实的感觉，从而吸引消费者眼球，激发消费者的购买欲望。如图10-9所示的巧克力包装设计，将巧克力置于排列整齐的模子中，使产品本身也成了包装设计的元素。

图 10-8 沐浴液的包装设计

图 10-9 巧克力包装设计

如图 10-10 所示，透明的网形包装将产品一览无余地呈现给消费者，使产品成为包装设计元素的一种。

如图 10-11 至图 10-14 所示的药丸包装设计，以点的积聚排列为设计方法，将药丸以新颖的方式排列起来，打破了药物常用的沉闷的排列形式，使用红色作为主要颜色也消除了消费者对药物的最初认识。从图片中可以看到，这款药物还可以当装饰挂在包上，可谓是设计新颖独特。

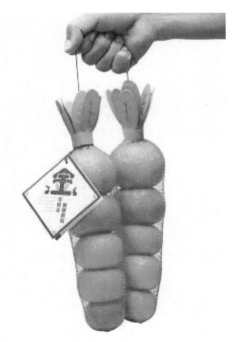

图 10-10 透明网形包装

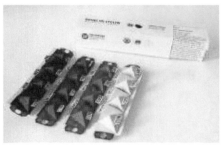

图 10-11 药丸的新颖包装设计 1

图 10-13 药丸的新颖包装设计 3

图 10-12 药丸的新颖包装设计 2

图 10-14 药丸的新颖包装设计 4

二、"线"在现代包装设计中的运用

"线"能够塑造出丰富的情感韵味。三维空间造型中线材分为软质线材和硬质线材，前者在现代包装设计中多以绳索、丝带等为材料，以打结为方式，对商品进行包装，起到保护商品且美观的作用；后者在现代包装设计中常作为稳固包装以保护商品。将三维空间造型的要素运用到包装设计中，常常能带来吸引人眼球的效果。

如图 10-15 至图 10-18 所示的麻绳包装设计，将麻绳作为包装设计的元素，给消费者一种产品原生态的感觉，使使用者感到亲切，同时将线堆积起来可以起到美观且保护产品的效果。

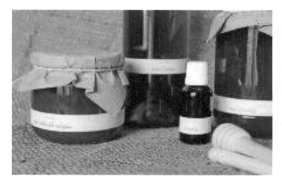

图 10-15　麻绳包装设计 1

图 10-16　麻绳包装设计 2

图 10-17　麻绳包装设计 3

图 10-18　麻绳包装设计 4

在中国传统的包装概念中，"线"元素的使用通常起到了固定产品的作用。如图 10-19 和图 10-20 所示，设计师以传统为灵感，将"线"运用到包装设计中，不仅起到了固定产品的作用，而且起到了美观的作用。这一做法也非常符合产品的属性。

图 10-19　中国传统食品的现代包装 1

图 10-20　中国传统食品的现代包装 2

如图 10-21 至图 10-23 所示的修补工具包的包装，设计师将原生态的麻质袋子做成一个集合生存包，抽绳的使用、麻绳编制的袋子，都能在这款包装设计中找到"线"元素的影子及"线"元素带给该包装的生态的感觉。修补工具包背后的想法是，促进更少的消耗，不要买过多的东西。这个工具包分为三个模块，整个套件包包含所有必要的工具来修补日常用品，以尽量减少浪费。

如图 10-24 和图 10-25 所示的日常用品的包装设计，不仅在外形中使用了"线"元素来做包装设计顶端的封口设计，而且在产品内部，还利用"线"元素将不同的产品联系到一起，也同样起到了保护作用。

图 10-21 修补工具包的创意包装设计 1　图 10-22 修补工具包的创意包装设计 2　图 10-23 修补工具包的创意包装设计 3

图 10-24 日常用品的包装设计 1　　　　　图 10-25 日常用品的包装设计 2

三、"面"在现代包装设计中的运用

"面"是任何三维空间造型都必不可少的元素，也是最常见的素材。结合不同的材料、商品性质、角度等，"面"都能给消费者不同的体验。

如图 10-26 至图 10-28 所示，现有的礼服衬衫包装基本都是塑料、纸板等，礼服衬衫很难解开、拆卸。该包装可以让顾客在试衬衫时将衬衫轻松整齐地展开。

该包装在"面"元素的使用方面进行了改良，改良之后的设计更加符合消费者的购买心理，方便消费者选择，不失为一款新颖的包装设计。

图 10-26 衬衫包装设计 1

 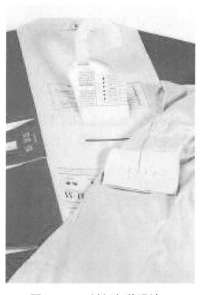

图 10-27 衬衫包装设计 2　　　　图 10-28 衬衫包装设计 3

四、"块体"在现代包装设计中的运用

"块体"在三维空间造型中主要包括切割、组合、变形三种方式。设计师可以通过产品特性对几何形体进行重构，以达到理想的空间状态。这种造型方式在三维空间造型中也非常常见。

如图 10-29 和图 10-30 所示的鸡蛋包装盒设计，波兰设计师 Maja Szczypek 带来的这款包装设计可以说是一个特殊的"块体"。这种特殊性缘于"块体"的肌理和材质非常吸引眼球。这款设计使用易得的干草压制塑形而成，成本低廉，既环保又有野趣，简单、干净、自然，光从干草盒子上就能猜到里面食物的品质。

图 10-29 鸡蛋包装盒设计 1　　　　　图 10-30 鸡蛋包装盒设计 2

 经典案例

盒子铺叠盒包装设计

背景介绍：

无论消费者还是商家，都希望设计的包装盒既简便又实用，实现多功能用途。如图 10-31 和图 10-32 所示为盒子铺叠盒包装设计。盒子铺小正方竹盒取材江浙等地的毛竹，质朴的手工感、简洁的设计感、一器多用的实用性，以及作为包装产品的灵活性，为主体产品的高溢价奠定基础。其作为礼盒包装、茶叶包装、食品包装，充满创意和灵感。

分析：

如图 10-31 和图 10-32 所示，方形小正方竹盒，在空间上以加高层和向上叠加的方式实现容量的可伸缩性。

单独的竹盒底或者盖分开来，另有妙用。盒盖可当托盘，小巧轻盈；盒身可当果盘、糖果盘、收纳盒、陈列架等。

盒子叠加，可将易碎物品分层放置，也可盛装不同的物品，如一层茶叶、一层茶罐、一层茶壶、一层茶杯，如此一份礼，周全精美。

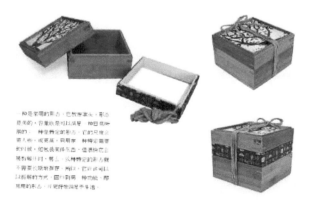

　　　　　　　　　　　　　　　　　　收纳盒　　　　水果盘　　　　陈列架　　　　糖果盒

图 10-31 盒子铺叠盒设计　　　　　　　图 10-32 盒子铺叠盒设计

第二节
现代包装的形式美法则与三维空间造型

随着经济的发展，人们对于包装的要求已经不再限于保护商品这一简单的要求，而是对商品包装的美的功能提出了越来越高的要求。

知识链接

学者杜虹提出："形式美是指构成包装外形的物质材料的属性和它们的组合规律所呈现出来的审美特性，它来源于包装的形态、色彩、材质、装饰及其相互组合产生的和谐美。"

如图 10-33 和图 10-34 所示为某矿泉水的包装设计，该设计将图案、色彩、瓶体、盒体等各元素组合起来，各元素之间相互协调，相互统一，既有色彩的对比，又有色调的统一，既有盒体的平衡对称，又有图案的活泼动感，不失为一个好的包装设计作品。

图 10-33　矿泉水的瓶体设计

图 10-34　矿泉水包装设计

图 10-35　十二生肖纸巾包装设计，
用扣子统一包装特点

三维空间造型的抽象思维与形式美法则对现代设计都有着直接或间接的影响，商品包装设计作为现代设计中的一个门类，自然受到三维空间造型艺术的影响。包豪斯在形式上追求抽象性，以抽象的点、线、面作为构成作品的基本语汇，作品风格呈现出理性而严谨的几何结构，强调"少则多"，反对装饰，形式简约，注重技术美和机械美，在形式上强调包装产品与结构的暴露。构成的原理就是把点、线、面、体、色彩、肌理等基本要素按照形式美规律进行创造性的组合。

知识链接

构成艺术在现代包装设计中的应用就是要把点、线、面、体等概念元素具体物化。这些元素除了要具备基本的实用属性外，还要承载形式上的审美功能和象征、展示、销售等功能，如图 10-35 所示。

现代商品包装设计所体现的形式美有以下几点。

一、造型的均衡与对比

均衡与对称是人们最早会使用的形式美法则，其广泛运用于建筑、园林、家具中，形成端庄、大气、和谐的感觉。在现代包装设计中，这一原则也非常常见，最常见的就是在瓶体的设计上，瓶体大多是对称均衡的。而在很多包装的盒体设计上，均衡的原则也十分常见。三维空间造型的对比是指通过造型的不均衡来凸显其动感、活泼的性质。包装设计中常常出现产品大小、形状、质地不同的情况，对比可以使造型更加生动，使包装的效果更加多元化。而均衡与对比的统一，可以使商品包装设计动静结合，既消除了包装设计的呆板与枯燥，又免得造型过于活泼而杂乱无章。

如图 10-36 至图 10-38 所示，纸盒的设计可以不必中规中矩，倒梯形的设计比中规中矩的形态更加能够吸引眼球。这种对比凸显了该包装设计的活泼，也能从一个侧面反映出产品活泼的特性。

图 10-36　鲜花小包装盒设计 1　　　图 10-37　鲜花小包装盒设计 2　　　图 10-38　鲜花小包装盒设计效果图 3

如图 10-39 至图 10-41 所示，橄榄油的瓶体设计打破了常规。打破陈规却不破坏使用的包装设计显然是三维空间造型均衡与对比的形式美法则所推崇的，该设计就体现了这一点。正面看与其他瓶体无异的橄榄油包装设计，在侧面看却是不同于其他普通瓶体的设计，它不仅保持了传统瓶体的严谨，而且发扬了现代包装设计创新的理念，使瓶体活泼新颖。

图 10-39　橄榄油的瓶体设计 1　　　图 10-40　橄榄油的瓶体设计 2　　　图 10-41　橄榄油的瓶体设计 3

二、造型的节奏与韵律

亚里士多德曾说："爱好节奏和谐之类的美的形式是人类生来就有的自然倾向。"节奏是韵律形式的单纯化，韵律是节奏的丰富化。节奏的强弱与构成元素有关，元素多且复杂，节奏感就强烈，反之亦然。节奏与韵律是相辅相成的，通过节奏与韵律可以体现造型美的感染力，使包装设计更加有代表性和美感，如图 10-42 所示。

图 10-42　用曲线表达节奏韵律的立体包装

图 10-43　组合包装的比例关系

三、造型的比例与尺度

毕达哥拉斯学派曾提出，美是和谐与比例。商品包装设计不得不面对比例的问题。盒体的长、宽、高的维度关系，容器长、宽、高的维度关系，图案的比例关系等都关系到商品包装设计能否合理运用，特别是组合包装，如图 10-43 所示。

知识链接

在进行商品包装设计的过程中，要根据商品的特性及要求选择恰当的比例进行设计，以体现完美的设计意图和表现商品的特征。

研究商品包装设计的形式美法则不是孤立的单纯从美感的角度考虑的。包装设计首先是为商品打造，为消费者的购买提供便利，而增添商品的吸引力是位于其次的。如图 10-44 所示为不同的可口可乐包装，强调出饮料是冷饮还是热饮。如图 10-45 所示，不同色彩的包装盒突出曲奇的不同口味。因此，在设计过程中，如何将功能与形式结合也成为包装造型需要考虑的重要元素。

此外，商品包装设计三维设计的形式美要与产品特性、品牌及企业文化相一致。包装作为一种载体，无疑能够折射出企业的文化形象。因此，在体现包装设计的美感的同时，既要突出产品的美观和功能，也要将企业文化全方位地融合进去，设计出一件体现企业文化精髓的作品，如图 10-46 所示。

热饮　　冷饮

图 10-44　可口可乐的包装设计

图 10-45　曲奇包装设计　　图 10-46　有趣的厨房用品包装突出了产品的趣味性

研究形式美法则的意义，将这些法则灵活运用到商品包装设计的三维空间造型中。当然，任何法则都不是固定不变的，而是随着艺术创作实践的发展而发展的。因此，在艺术创作中，需要根据具体情况进行灵活运用。

经典案例

高档橄榄油的包装设计

背景介绍：

如图10-47和图10-48所示的包装是具有包豪斯风格的设计。所谓"包豪斯风格"，实际上是人们对"现代主义风格"的另一种称呼。包豪斯（Bauhaus）作为一种设计体系，在当年风靡世界，在现代工业设计领域中，它的思想和美学趣味可以说整整影响了一代人。虽然后现代主义的崛起对包豪斯的设计思想来说是一种冲击、一种进步，但包豪斯的某些思想、观念对现代工业设计和技术美学仍然有启迪作用，特别是对发展中国家的工业设计道路的方向的选择是有帮助的。它的原则和概念对一切工业设计都是有影响的。

分析：

如图10-47所示是Poqa品牌高级橄榄油包装设计。该设计充分体现了包豪斯对形式的追求：强调几何结构、强调"少则多"。该包装设计形式简约，透明的玻璃瓶身透射出瓶内的液体，使产品显得清透，既承载了商品高端的个性，也承载了形式上的审美功能，将产品的特色与档次通过包装设计进行诠释。

图 10-47　Poqa 品牌高级橄榄油包装设计 1　　图 10-48　Poqa 品牌高级橄榄油包装设计 2

综合案例解析：好时巧克力的内部包装设计

方案设计说明：

公司位于宾夕法尼亚州的好时巧克力是北美地区最大的巧克力及巧克力类糖果制造商，也是一家有着105年历史的老字号公司。

好时巧克力一经上市就获得了消费者的好评，除了本身口味较好之外，也因为它包装独特。该产品优于市场同类商品的很大原因在于它的内部包装，如图10-49所示。

首先，巧克力造型：把香浓的牛奶与纯正的可可融合，"滴落"，

图 10-49　好时巧克力独个包装设计

变成娇小玲珑的水滴状的"好时",这已成为经典造型。

其次,巧克力包装:由不同的锡纸在巧克力外贴身包裹,整个包装充满着甜蜜、典雅、华贵、可爱的氛围;铝箔有防潮、避光的功效,还有保温、隔热的作用,能起保护作用。

好时巧克力独个的包装设计也使得它更吸引消费者。

分析:

如图 10-49 所示,好时巧克力的内部包装成为包装设计中"点元素"运用的经典,散装、独立、小巧,方便携带。巧克力是甜蜜的象征,每一颗都值得用心品味。

本章小结

本章主要从三维空间造型的原理、形式美法则等要素分析了立体造型对商品包装设计的影响,从理论上巩固了三维空间造型的形式美法则及要素构成的原理,并且与商品包装设计相结合。通过学习本章内容,使读者更加深化商品包装设计与三维空间造型的关系。

教学检测

一、填空题

1. 构成的概念诞生于 20 世纪 20 年代至 20 世纪 30 年代,核心理念萌生于 _____ 从具象到抽象的转变过程中,后经德国 _____ 艺术学院融合了前卫的艺术运动成果和艺术精神确定了内涵。

2. "_____"在三维空间造型中主要包括切割、组合、变形三种方式。

3. _____ 是人们最早会使用的形式美法则,其广泛运用于建筑、园林、家具中,形成端庄、大气、和谐的感觉。

二、选择题

1. 三维空间造型同平面构成、色彩构成一样,用抽象而纯粹的 ( ) 表达,强调几何形态的抽象表现力。

A. 自然形态　　　　　　B. 几何形态　　　　　　C. 人工形态　　　　　　D. 社会形态

2. 形式美是指构成包装外形的物质材料的属性和它们的组合规律所呈现出来的审美特性,来源于包装的形态、色彩、( )、装饰及其相互组合产生的和谐美。

A. 材质　　　　　　　　B. 方法　　　　　　　　C. 质量　　　　　　　　D. 视觉效果

三、问答题

1. 思考商品包装设计与三维空间造型的关系。

2. 通过书籍或网络收集自己感兴趣的商品包装设计的案例,分析三维空间造型的形式美法则对其的影响。

答案

一、填空题

1. 西方绘画、包豪斯

2. 块体

3. 均衡与对称

二、选择题

1. B

2. A

三、问答题

略

附录

部分优秀作品

BUFEN YOUXIU ZUOPIN

一、优秀三维空间造型作品

优秀三维空间造型作品如图附 1 所示。

图附 1　优秀三维空间造型作品

续图附 1

二、点线面的三维空间造型

点线面的三维空间造型如图附 2 所示。

图附 2　点线面的三维空间造型

三、运用三维空间造型原理设计的灯具

运用三维空间造型原理设计的灯具如图附 3 所示。

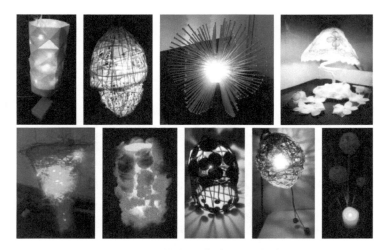

图附 3　运用三维空间造型原理设计的灯具

四、运用三维空间造型原理设计的配饰

运用三维空间造型原理设计的配饰如图附 4 所示。

图附 4　运用三维空间造型原理设计的配饰

［1］陈祖展. 立体构成［M］. 北京：北京交通大学出版社,2011.

［2］余昌冰. 立体构成［M］. 武汉：湖北美术出版社,2009.

［3］艾少群,吴振东. 立体构成(空间形态构成)［M］. 北京：清华大学出版社,2011.

［4］方萱. 立体构成［M］. 北京：人民美术出版社,2011.

文参
献考

SANWEI KONGJIAN ZAOXING